大学生・新入社員・主婦のための

# 食品開発ガイドブック

著者

東京農業大学 教授　片岡　榮子
東京農業大学 講師　片岡　二郎

地人書館

# 大学生・新入社員・主婦のための「食品開発ガイドブック」

## 目次

| | |
|---|---|
| はじめに | 5 |
| **第1章 食品開発の基礎論** | |
| 「先人の知恵から生まれた加工食品」 | 9 |
| **第2章 食品開発目的と開発戦略** | |
| 「開発目的とマーケティング」 | 25 |
| **第3章 食品開発実践論** | |
| 「これまでの先人たちの商品開発の実例」 | 39 |
| 事例① 湯豆腐好きの学者の探求心から発見されたうま味調味料「グルタミン酸ナトリウム」その発見と事業化 | 39 |
| 事例② 化学者が偶然発見したダイエット甘味料「アスパルテーム」と工業化「なんでもなめてみる，それが大発見につながる」 | 53 |
| **第4章 原価計算と製造設備設計の実際** | |
| 事例③ グルタミン酸ナトリウムの製造技術を引き継ぎ，アミノ酸時代の基礎を築いた「酸分解アミノ酸液」 | 59 |
| **第5章 権利確保と知的所有権** | |
| 「特許で保護される知的所有権」 | 79 |
| **第6章 食品開発の組織論** | |
| 「商品開発の組織と情報収集」 | 85 |
| **第7章 食品開発論の実証** | |
| 「中国内モンゴル自治区での醸造発酵事業」 | 93 |
| おわりに | 109 |

# はじめに

　本書は学校法人東京農業大学で平成15年度から実施している「食品開発・品質管理論」のうちの「食品開発」の講義録をもとに執筆いたしました．
　この教科の設置目的はつぎの理由です．
　これまでは「大学は学問」，「開発，商品化は企業」と大学と企業が少し離れた距離をおいておりました．しかし，一方では科学技術の進歩とともに社会の変革もスピードが速くなり，これからは大学と企業がお互いのもつ「知力の輪」を重なり合わせることが必要となりました．企業も最近台頭してきた新興国の追い上げで経営利益も減少し，そればかりか生産の減少により雇用確保すら危ぶまれております．一方，大学も最近の「少子化」で大学入学人口の減少が現実となり，大学の淘汰時代の到来がささやかれております．
　以上のような状況で以前から動きのあった「産学協同」の動きをさらに密にしていくことが必要となりました．
　ここでの大学の役割は優秀な卒業生を企業に送り込むことで，そのためには「基礎学問の充実」は当然として「実践的な知識」をもつことが要望されております．
　「実践的な知識」とは「企業のもつ有機性」を理解して対応する能力と考えられます．
　「企業」とは「人が集まり，人が中心になり，人や社会のために経済行為を行い，その結果で利益を出すところ」といってもよいと思います．この利益を出す源が商品で，この開発を行うことが商品開発です．
　この利益を生む商品が食品であれば「食品企業」であり，この食品を開発する過程が「食品開発」です．
　商品開発の過程は，現在では多くの人たちがそれぞれの部門を分担する組織活動です．
　このために商品開発を統括する人はもちろんのこと，全員が開発の流れを的確に把握しつつ，全体を一歩一歩前進させることが必要です．各部門の担当者が専門的知識をもつことは当然ですが，参加者全員が全体的にある程度の知識をもつことも要求されます．
　開発者といえどもマーケテングは当然として簡単なフローシート，原価計算，設備概要設計ができることが必要です．
　しかし，現在までこの全体の流れを解説した参考書が少ないので，今回この流れについて執筆しました．そのために，文章全体が物語風になっており，専門領域もできるだ

け平易に解説しました．そのためにスライド方式で要点が一目でわかるようになっております．また，数字や数式は極力少なくして，イラストもたくさん使いました．

著者の二人は長年にわたり「食品研究」と「食品開発」にたずさわってきましたので，ここに「食品開発」の研究から製造販売までの過程の概要を示し，講義録としてまとめました．

「食品開発」の学問はありませんが，あえて「食品開発論」と位置づけてみました．

理論とは過去の実績，事実を基本に作られた公式です．この理論が現在または将来に通じることを実証することが必要です．著者はこの実証を中国内モンゴル自治区での醤油事業に適応し，理論が正しいことを証明しました．

企業は人が集まるところであり有機的です．決して金属の塊のような無機質ではありません．ですから外の環境の変化や内部の意見に応じて常に柔軟な対応をしています．

食品は人が食べるものであり「安全」，「美味しさ」，「安価」がポイントです．

ぜひ，この本で食品の開発のシステムを理解され，素晴らしい食品を世に出すことをお願いいたします．

本書の内容ですが，食品の商品開発についてこの基本から工業化，商品化についての流れを記載しました．

第1章では，食品は人類の長い歴史，すなわち先人の知恵の積み重ねで成り立っているということを知るために，過去の歴史を述べました．

第2章では，これらの先人の知恵を利用した食品からこれからの食品の開発の目的，とくに今日のように発達した物流，宣伝などを総合した「マーケティング」について述べました．

第3章では，先人が開発し現在でも発展している「グルタミン酸ナトリウム」と「アスパルテーム」の二つを取り上げ，発見から工業化までの過程を述べました．

第4章では，いかに学問や技術的に優れていても企業的な商品化のためには基本価格の算出が必要であるかについて述べました．

第5章では，これらの発想を権利化する知的所有権の取得の仕方と，実用化するためには組織的な力が必要であり，企業とその組織活動について述べました．

本書に示した食品開発の例はこれらの発想から開発の過程を説明しつつ，さらによりよい商品開発に連なることの一助となることを念じております．

とくに，本書では商品開発の発想，商品化構想，販売戦略（マーケティング）まで含めて解説しました．

第6章では，商品開発の発想から商品化そして実際の商品としての事業戦略の設定に

ついてその具体的手法を述べました．

　第7章では，この「食品開発論」の実証を中国内モンゴル自治区・烏蘭活特(うらんほと)市での醬油事業構築の概要を述べました．

**　あなたのまわりには多くのシーズ（種・seeds）が存在します，このシーズをニーズ（必要・needs）をもつ商品にするのはあなたのアイデアです．**


　平成16年2月


片岡榮子・片岡二郎

# 第1章　食品開発の基礎論

## 「先人の知恵から生まれた加工食品」

★本章から学ぶこと

　私たちの食生活は加工食品なしでは成り立ちません．この加工食品は多くの先人たちの長い時間と努力，工夫のたまものです．私たちはこれらの先人たちの知恵と工夫のかたまりである加工食品を食べながら，みんなで工夫を加えてさらに新しい加工食品をつくる試みを行ってください．

　食べ物は，ヒトはもちろん全ての生き物にとってその生命を維持するために必須です．
　スライド1-1はある日の私の朝食です．白米のご飯，味噌汁，梅干，醤油，納豆はごく一般的な朝食です．一方，ハンバーガーとポテトフライは忙しい朝のファーストフードの定番です．
　ちょっと食べる前によく考えてみましょう．この中で加工食品はどのくらいあるでしょうか．

スライド1-1　私たちの食生活はたくさんの加工食品に囲まれている

食べ物⇒
　生物（ヒト・動物・微生物）はその生命を維持するため必須

ある日の朝食

ご　飯
味噌汁
梅　干
醤　油
納　豆
ハンバーガー
ポテトフライ

私たちの食生活はたくさんの加工食品に囲まれている

和食の中身を解析してみましょう．毎日食べているご飯は稲穂を脱穀して籾とし，籾がらを除去して玄米とし，さらに搗精して精白米にし，そして炊飯するという多くの工程を経て作られます．味噌汁の味噌は大豆と米から作られる醸造発酵食品です．また醤油も大豆と小麦を原料とした醸造発酵食品です．納豆は大豆を発酵させた食品です．醤油の製造工程は第7章でも説明しますが，多くの工程と長い製造期間が必要です．

禅宗の修行での食事時に合掌して唱える言葉に「功ノ多少ヲ計リ彼ノ来処ヲ量ル」があります．これは「この食べ物はどのくらい多くの人の技巧を経ているかを想像し感謝して食べましょう」の意味です．

スライド1－2にこの食品の原料からの加工内容を記しました．

同様に洋食のファーストフードの解析もしてください．ハンバーガーは典型的な加工食品で，ポテトフライも単純にジャガイモの短冊を油で揚げたものではありません．和食以上に加工度が高い食品が多いと思います．

スライド1－2　加工食品の原料からの加工内容

⇒加工食品と加工の概要

| 朝食 | 加工内容 |
|---|---|
| ご飯 | 籾⇒玄米⇒精白米⇒炊飯 |
| 味噌汁 | 味噌（米・大豆⇒醸造発酵） |
| 梅干 | 梅⇒塩漬⇒半乾燥⇒紫蘇漬 |
| 醤油 | 大豆・小麦⇒醸造発酵 |
| 納豆 | 大豆⇒蒸煮⇒発酵 |

私たちの食生活はたくさんの加工食品に囲まれている

食べ物は全ての生物にとってその生命を維持するために必須です．生物は食を得て生命を維持するためにたくさんの工夫をしています．昆虫類や一部の動物（熊など）は，食べ物が手に入りにくい冬季は冬眠して最低限のエネルギー消費を行い，春や夏を待ちます．一部の微生物（カビなど）も温度や食物の環境が悪くなると胞子を作り閉じこも

ります．胞子になると乾燥にも高温にも強くなり，ある種のカビの胞子は氷河中で100年以上も生存していた事実もあるそうです．しかし，人間はこのように胞子になったり，冬眠はしません．これは，動物や微生物は外部の環境が悪くなると自分を変化させることで対応しますが，人間は環境を自分に合うように変えることができる能力をもっていることです．住居をつくり，衣類を着て，冷暖房で温度を調整します．同様に他の生物たちも食物が無くなると，さなぎ，胞子，冬眠など自分から変化して環境が回復するまでじっと耐え忍ぶのに対して，人間は食物やその原料を栽培したり，貯蔵したり，加工をします．つまり，人間が高等動物といわれるゆえんは環境や食を自分に合うようにコントロールすることができることにあります．

スライド1－3　食のコントロール（食品加工技術のはじまり）

食べ物⇒
生物（ヒト・動物……微生物）はその生命を維持するため必須

人間＝高等動物であることの証明⇒

①環境（自分に合うように）作り変える＜衣類・住居・冷暖房等＞
②食を（自分で）コントロールする　＜栽培・貯蔵・加工＞

食への対応（例）
ビールス　DNA，RNAのみ　細胞寄生
細菌類　環境良好（分裂・栄養細胞）　環境不良（胞子）
昆　虫　環境良好（成育・増殖）　　　環境不良（さなぎ）
動　物　環境良好（成育・生殖）　　　環境不良（冬眠）
　○鳥類　飛ぶ＜エネルギー消費大＞＜胃，小腸＞のべつ食べる
　○草食動物　外敵＜早く食べてユックリ消化＞4つの胃

　地球が誕生して約37億年，生物が誕生して約6億年たったといわれていますが，人類が誕生してやっと約100万年とのことです．

　人類（私たちの祖先）は動物と同じように，木の実，魚介類，狩で仕留めた動物などを生のまま食べて毎日の食を得ていたと思われます．この当時の食は採れる時は飽腹しましたが，収穫の無い時や冬季は空腹を抱えていたと思います．この時代が約90万年以上続いたことでしょう．しかし，やがて人類は火を使うことを覚えました（縄文時代）．たぶん，落雷や火山の噴火で発生した山火事の残り火を焚火として洞窟内で暖房として使い，この焚火に偶然，動物の肉が落ちその肉が焼けて美味しそうな香を放ち，これを

食べた人が生食とは異なる美味しさを見つけました．この火を使うことが食品の加工技術の原点といってもよいでしょう．

ついで，私たちの祖先は土を水で捏ねて容器をつくり，これを焚火の火で焼くことで水を入れても溶けたり，漏れたりしない容器，土器を作り出しました（弥生時代）．この土器に水を入れて焚火にかざし，これに米や麦を入れることで炊飯の技術，野菜や野草とともに魚介や獣肉を入れて一緒に煮ることで素晴らしい味を作ることに成功しました．

今までは生や焼いた味すなわち，各々独立した単体の味は知っていましたが，土器を用いることでこれらの単体の味が混合した複雑な味になることを覚えました．この味は現在の「鍋物」，「スープ」です．個々の原料から煮出されたアミノ酸，有機酸をはじめ多くの成分が複雑に協合しあって深い味わいをかもし出すことを見つけました．

私たちは「加工食品とは素材を物理的，化学的，生物的に加工処理をして，安全性・嗜好性・保存性・栄養性を高めた食品」と定義しました．

この加工食品の定義からすると，先人たちの「火」と「土器」の使用はまさに加工技術の原点といってよいと思います．

スライド1－4　火を使うことで人類は新しい味を知った

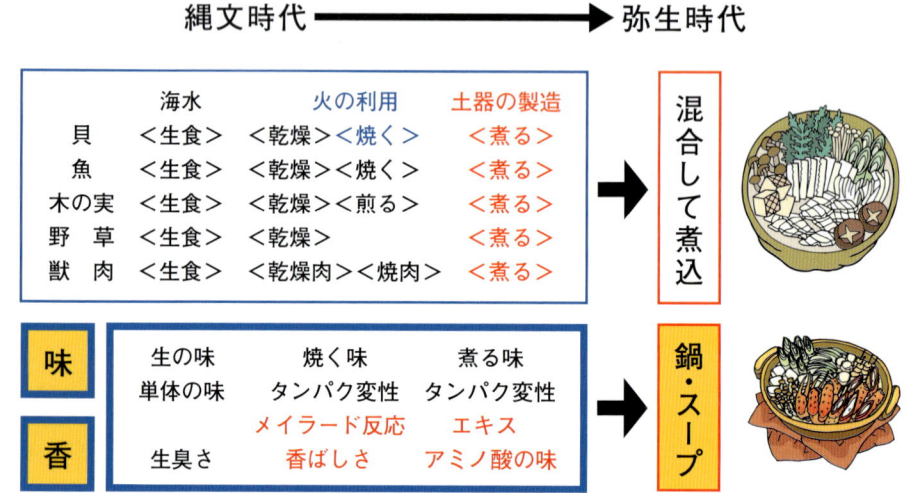

加工食品⇒素材を物理的・化学的・生物的に加工処理をして安全性・嗜好性・保存性・栄養性を高めた食品

この「火」や「土器」の使用も，現在のように新聞，ラジオなどの伝達手段も皆無の時代であり，今では当たり前の技術も，人類の長い時代の工夫と人づての伝達で（恐らく数千年かけて）広まったと思います．ですからこの時代特定も石器や土器片の発見からの時代遡及であり確定はできません．

　現在の考古学と文献の事実から，日本より西欧，中国の方が文明の進化は相当早く，食品の加工度も発達が早いことは確かです．

　この章では先人の知恵として，
- 西洋料理についてはポンペイの遺跡から再現した各種の加工食品
- パン，ビールなどの嗜好食品としてエジプトのピラミッドや墳墓壁画からの再現
- わが国の味噌，醤油の醸造食品の原点である中国「斉民要術」の紹介

の3点について述べることにします．

　著者らは平成元年に欧州の学会の帰りにイタリア，ナポリ郊外のポンペイの遺跡を見学しました．

　ポンペイはローマ時代に栄えた都市でしたが，西暦79年にベスビアス火山の大噴火によって一夜で3mの火山灰に埋没してしまいました．その後1800年近い地中の長い眠りについていましたが，今から100年ほど前に井戸掘りをしていた農夫によって偶然発見された遺跡です．この遺跡の発掘結果からこの都市は周囲3kmの城壁に囲まれた都市で，人口約1万人，地中海気候特有の温暖気候と肥沃な土地ではぶどう，オリーブ，柑橘類が豊かに実り，良好なワインを産出したとのことです．モザイクとフレスコ画が描かれた広大な貴族の豪邸が並んでいます．

　この都市は銅製の水道のパイプが引かれ，下水道も完備し，大通りには馬車が行き来し，公衆浴場と大競技場が完備しておりました．（この時代は，中国は漢，朝鮮では高句麗の時代でしたが，日本ではこの時代は弥生時代の中期で稲作がやっと定着，青銅器が渡来した時代でした．日本の国家が形成された大和時代はこれから約300年後のことです）

　ポンペイの遺跡は他の古代の遺跡に比較して火山の爆発という突然の自然現象による埋没であり，通常古代遺跡に見られる破壊や略奪などによる破損がないことから当時の真の姿が再現できました．

　この遺跡にはパン屋や惣菜屋が町に並び，この店に並んだ商品は炭化していたが原型をとどめており，再現するとこのスライド1-5のようになりました．

　ポンペイの人々はこの時代は自分の家で調理するより，大通りに並んだお店から調理された食品を購入して食卓に並べていたと考えられています．

　ナン風のパン，ラザーニア，卵入りミンチボール，香草入り卵焼き，調味料として小

## スライド1−5　加工食品の歴史的考察—西暦79年のガストロノミー

**ポンペイ遺跡から発掘再現された加工食品**

（主食）
○8つの切込みのあるパン
　ナン風パン
○レバー・松の実・卵のミンチボール
　（ラード揚げ）
○惣菜風ラザーニア
○いら草入り卵焼き
（調味料）
ガルム（発酵魚醤油）
（デザート）
○なつめやし，くるみ蜂蜜炒め

貴族宴会料理
○エスカルゴ，つぐみ詰め物仔豚
○伊勢海老の網焼きコリアンダーソース
○豚の乳房料理

○イギリス産カキ
○やまねの蜜蜂飼育

○100年ものワイン

**今から1900年前……日本では弥生時代**

　魚を塩で仕込み長期に熟成させた「魚醤油」であるガルム，デザートと現在の朝食より高級な食事を連想させます．

　さらに貴族の宴会用料理はエスカルゴ，つぐみ詰め物仔豚，伊勢海老の網焼き，豚の乳房料理（当時は豚の乳房は高級料理の素材であったらしい），イギリス産のカキ（イギリス産のオイスターは色がグリーンで，当時はすでにイギリスとの交易があり世界各国の調理素材が入手できたらしい），やまねの蜂蜜飼育（小動物やまねを蜂蜜で飼い，柔らかい肉を調理した）と100年ものワイン（現在でも100年ものワインは超高価であります）などです．この貴族料理は現在では再現してもかなり高価なものになってしまうでしょう．

　私たち日本人の祖先が土器で野菜や魚介のスープを食べている時代に，ポンペイでは調理したすばらしい食物を食べていたのでした．

　なお，この時代の食事は通常1日に2回，早めの朝食と遅めの夕食で，一般の家庭ではパン，ラザーニア，肉団子，調味料はオリーブ油とガルムで，惣菜屋さんで購入することが多かったと考えられています．

　ポンペイでもすでに，魚醤油ガルムやパン，ラザーニア，パイ，ワインなどの多くの加工食品が食べられていることがわかります．

　紀元79年のポンペイでもパンは一般に食べられていたことがわかります．

　小麦加工食品の代表であるパンは一体どのくらい前からあったのでしょうか．

　当時のエジプトではパンはビールと共に重要な食物で，労働者の食べ物でもあり，神への供物でもあり，死者への副葬品でもあったといわれています．

スライド1－6　加工食品の歴史的考察…古代エジプトのパン・ビール

## 加工食品の歴史的考察 ── 古代エジプトのパン・ビール

パン・ビール＝重要な食物
◎労働者の食糧
◎神への供物
◎死者への副葬品

当時の食物
●家畜＝羊・山羊・牛・豚
●狩猟＝魚・獲物動物
●作物＝小麦・大麦

小麦⇒ドウ⇒焼成⇒パン
　　（粥＜カユ＞）⇒強い陽射しで発酵⇒ビール
　↑
自然酵母

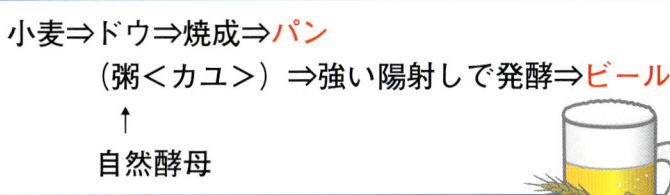

　小麦を使った加工食品で，発酵食品として有名な「ビール」も実はこの時代に作られました．このパンとビールは同類の食品らしく，パンを作る時に小麦粉をねって「ドウ」をつくり発酵させ，これを焼成してパンにしますが，ビールはドウが強い日差しで発酵してビールとなった説と小麦粉を粥（かゆ）にして発酵してビールをつくるとの説があります．

　最近（2003年8月）キリンビール㈱が紀元前1400年ごろの「エジプト新王国時代」のビールを再現しました．壁画をもとに再現されたビールはアルコール約8％で濁った薄茶色でビール風味のヨーグルト味とのことでした．たぶん絶世の美人といわれたクレオパトラも飲んでいたのではないでしょうか．

　このスライド1－7はエジプト第5王朝の王様の墓へのお供え食品の一覧表ですが，ここにはすでにパンが記載されています．このデベフニ王は紀元前2450年です．今年は2004年ですから4454年前で，この時代にエジプトではすでにパンが食べられていたことになります．（当時の日本は縄文時代の真っ盛り，中国でも最初の国家といわれる「殷（いん）」の時代でした．

　味噌・醤油はわが国の代表的調味料であり，発酵技術を駆使した加工食品であります．
　この由来は約2000年前に中国雲南省地域の「肉醤」といわれています．

スライド1－7　エジプトの約4500年前の食材

> エジプト第5王朝（紀元前2450年）＜今から4,500年前＞
> デベフニ王の墓の供物表（95種の内80％が食物）

　穀　　物……小麦・大麦
　パ　　ン……製粉⇒精製⇒発酵⇒生地⇒型入れ⇒発酵⇒窯焼き
　ビール……一般庶民の飲み物　　　ワイン……貴族の飲み物
　雑　　種……ナツメヤシ，プラム，ザクロが原料
　獣　　肉……牛，羊，山羊，ロバ，豚，馬，犬，猫などの家畜
　鳥　　肉……アヒル，ガチョウ，ハト，ウズラ
　魚　　肉……118種（ボラ，テラピア，ナマズ，ウナギなど）
　野菜類……ニラ, レタス, パセリ, キャベツ, ソラマメ, ヒヨコマメ, レンズマメ
　果　　物……ナツメヤシ，イチジク，ザクロ，ナツメ，タマリスク
　油脂，乳製品……ミルク，クリーム
　香辛料……アニス，シナモン，クミン，ウイキョウ，コロハ，マスタード，サフラン

　この「肉醤」は獣や家畜，鳥類の肉を塩と麹で仕込んで発酵熟成させた一種の肉醤油です．

　現在の醤油・味噌はこの肉醤の原料を穀物に変えて仕込んだものといわれています．

　この作り方の詳細を記載している本,「斉民要術」（せいみんようじゅつ）の日本語訳がこのたび出版されました．

　この「斉民要術」は紀元530年～550年の中国の南北朝時代に発行されました．（朝鮮半島では当時は百済，新羅，高句麗，日本では大和時代～飛鳥時代でした）

　この本は全10巻の農業書で，1～6巻が農業技術，7～9巻が加工調理，10巻が食材辞典となっています．

　この7～9巻には清酒，醤油などの発酵食品から現在私たちに身近な食品の加工調理法が多く記載されています．

　醤油は「作醤法」と記載され黒大豆と豆麹と塩を使用して製造されています．これは約100日間発酵し，上澄み液を醤油，下の諸味を味噌としています．

　この手法はいわゆる「醤」（ジャン）であり，この技術が当時の朝鮮を経てわが国に伝来したものといわれています．渡来地は種々ありますが，現在の和歌山県の湯浅であったことは

## スライド1-8　東洋の発酵・醸造

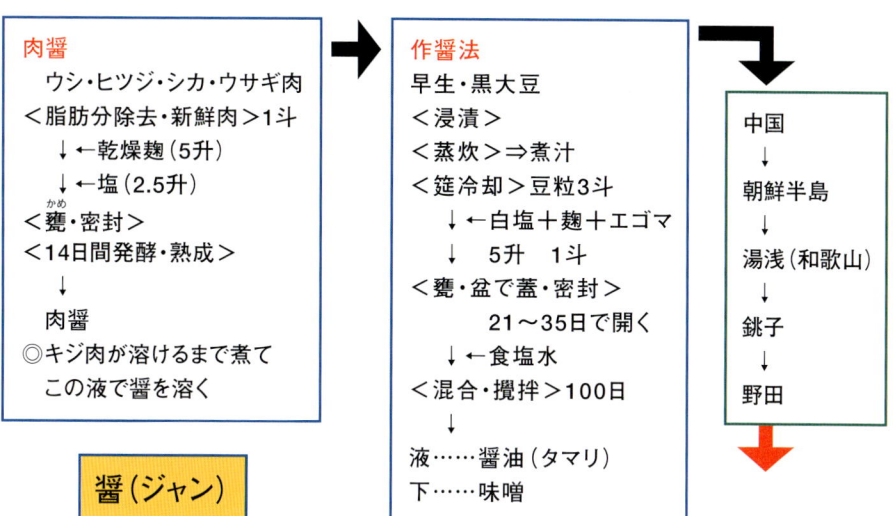

　事実のようで，湯浅は金山寺味噌の産地でもあり，ヤマサ醤油㈱の本家もあり，ここから江戸時代に千葉の銚子，野田へと醤油技術が展開したと思われます．

　この醸造技術はやがてわが国に定着し，本家の中国，韓国をしのぐ加工技術の発展となりました．醸造と発酵技術の差はつぎのようです．発酵は菌が糖質を資化して物質を生成することで，例えば，糖を乳酸菌で資化し乳酸を生成することを乳酸発酵，糖を酵母で資化してアルコールを生成することをアルコール発酵といいます．

　醸造とは菌の酵素を用いて原料から糖を生成し，ついでこの糖を発酵して目的物を製造することです．醸造は麹菌のように原料のタンパク質を分解する酵素や原料の炭水化物を分解して糖をつくる酵素を生成し，ついでこの酵素により生成した糖分を発酵によって目的物を製造します．日本の醸造は小麦，大豆，米などの穀物原料を麹菌酵素で分解しアミノ酸や糖として，この糖分を乳酸菌や酵母で発酵させて製造します．

　このように，麹菌（アスペルギラス）を小麦や米，大豆に作用させることによって，醤油，味噌，酒などの全く異なる調味料が製造されるのは醸造技術の不思議と驚異といってもよいでしょう．

スライド1-9　醸造食品の原理

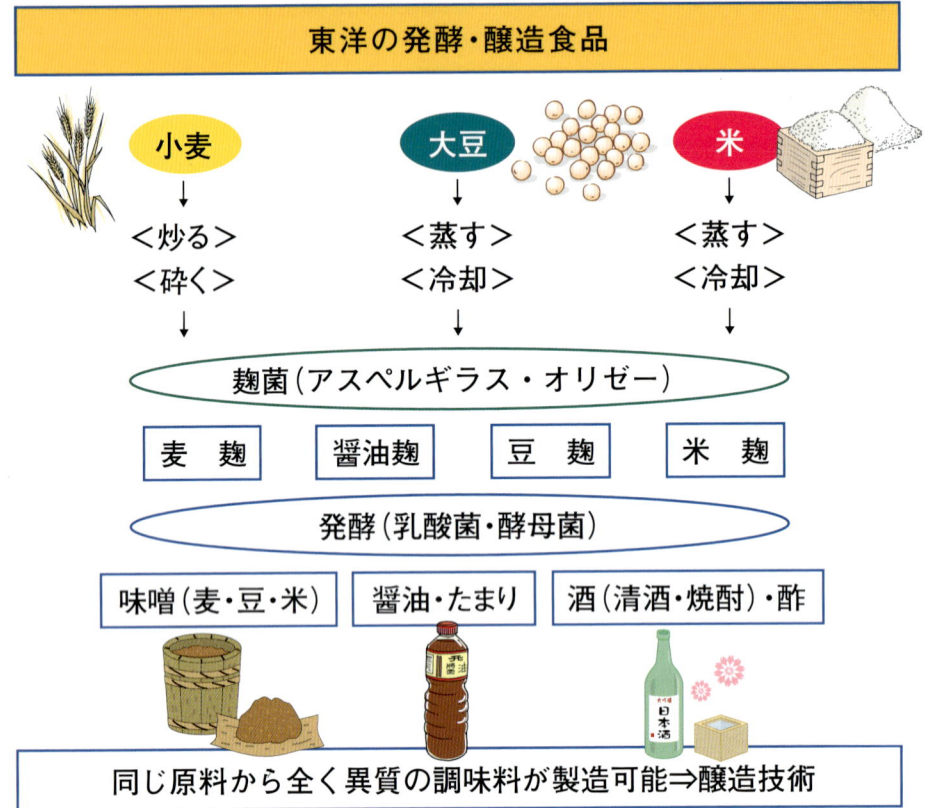

　わが国には日本独特の加工食品が多く存在します．味噌，醤油，酢などの基本調味料とこれらの調味料を用いた日本の伝統的食品は現在でも，洋風化に押されながらもしっかりとした基盤をもっています．

　この代表的加工食品についてはスライド1-10にその発生年代をまとめました．わが国の食品加工の起源といってもそのほとんどは中国から朝鮮半島を経由して伝来しましたが，この技術を先人たちが改良して現在の形が生まれました．

　つぎの写真は醤油製造の日本発祥の地である和歌山県の湯浅にある古式の製法で醤油を作っている「湯浅醤油」の製造工程の写真です．木桶で1年かけて発酵熟成した醤油が本当の手作業でつくられております．

　これらの醤油や味噌などの基盤調味料を使い日本独特の加工食品，そば，うどん，寿司，うなぎ，茶漬けなどが作られました．

　日本の文化が最も発展したのは元禄時代といわれています．この時代は長い戦乱も終わり，鎖国により外国の文化が導入されなくなり，安泰な環境から日本独自の文化の華が咲きました．この文化は，これまでの文化のように貴族，武士の特権階級から発したものではなく，町民，商人を中心とした文化でした．この文化にも食品の文化が大きく

● Photo-1　　　**古式醤油仕込工程（和歌山・湯浅醤油）**

原料大豆

蒸煮大豆

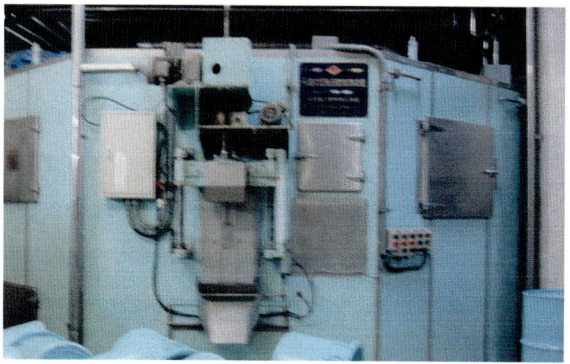
円盤製麹

盛込み

醤油麹（42時間経過）

木桶での発酵・熟成

醤油製品

金山寺味噌

湯浅醤油

スライド1-10　現在の日本の加工食品のルーツ（和食）

**現在の日本の加工食品のルーツ（和食）**

| 時代 | 奈良 | 平安 | 鎌倉 | 江戸 | 明治 | 大正 | 昭和 |
|---|---|---|---|---|---|---|---|
| 年代 | 700 | 800 | 1300 | 1600 | 1900 | | |
| 砂糖 | 754 黒砂糖（鑑真） | | | 1580 信長献上（長曽我部） | | | |
| 醤油 | | 917 醤，鼓（延喜式） | | 1535 湯浅醤油　1590 竜野 | | | |
| 味噌 | | | 1228 金山寺味噌（覚心） | | | | |
| 酢 | | | | 1804 中埜酢　1814 酢工場 | | | |
| 鰹節 | 堅魚煎汁（カツオイロリ）だし | | | 紀州熊野（鰹節）　にんべん（鰹節問屋） | | | |

各種調味料 → ◎元禄時代
●庶民⇒（屋台文化）
うどん屋・そば屋
茶漬け屋・寿司屋
●高級料理⇒（料亭・茶屋）

和食

花開きました．

　今では高級料理となっている寿司，うなぎなどはうどん，そばと同じように庶民の食べ物であり，屋台で食べる手軽な食べ物でした．

　もちろん，武家，商人の社会にも食品の文化は発展しました．料亭やお茶屋の文化はこれら金持ちの特権階級を中心に発展し，現在でもこの高級感覚を維持しております．

　現在の日本は和洋折衷の食文化といわれており，第二次世界大戦（1920年）以降の現象のように思われがちですが，これは歴史的に見ると江戸時代にその兆候があったのです．江戸時代以前は戦乱の時代であり，元禄時代は鎖国時代であり外国文化の導入がなく，日本文化が開花したと述べました．しかし，この戦国時代，鎖国時代でも長崎を中心とした外国貿易は行われていました．この貿易は江戸時代以前のポルトガル貿易，江戸時代の南蛮貿易でした．ポルトガル貿易ではパン，ビスケット，カステラが，南蛮貿易では嗜好品のタバコ，発酵食品のワイン，加工食品の天ぷら，またカボチャ，サツマイモ，ジャガイモ，ほうれん草，トマトなどの野菜は現在では日本の野菜と思われるほどに日本に定着してしまいました．

スライド1－11　現在の日本の加工食品のルーツ（洋食）

## 現在の日本の加工食品のルーツ（洋食）

| 時代年代 | 奈良 700 | 平安 800 | 鎌倉 1300 | 江戸 1600 | 明治 1900 | 大正 | 昭和 |
|---|---|---|---|---|---|---|---|
| 乳製品 | インド<br>チベット<br>モンゴル | 仏教教典<br>醍醐<br>酪・蘇 | ＜肉食禁止＞ | 徳川吉宗<br>オランダ人の勧めでバター製造 | 福沢<br>生乳<br>奨励 | 1919<br>カルピス<br>（三島雲海） | |
| 洋食 | | | | ポルトガル人来航<br>キリスト教伝来<br>○パン，○ビスケット<br>○カステラ | 南蛮貿易<br>○タバコ，○ワイン<br>○カボチャ，○サツマイモ<br>○ジャガイモ，○トウガラシ<br>○ホウレンソウ，○トマト<br>●テンプラ | | |

　（秀吉や信長はワインを好み，徳川家康は鯛の天ぷらを食べてこの食あたりがもとで亡くなったといわれています）

　和洋折衷といってもライスカレーは日本独特の味と風味となっており，すでに帰化食品といってもよいと思います．カレーのルーツ（根源）であるインド，パキスタンでもこのような味と風味のカレーはお目にかかれません．

　（日本のカレーのルーツはインドの建国の父といわれるチャンドラ・ボース氏が日本に亡命し，このお礼として新宿中村屋にこの製法を伝授したことに始まりました．中村屋のインドカリーは現在もその伝統を受け継いでいるそうです）

　現在の洋風化の先駆けはハンバーガー，フライドチキンなどの導入に始まっていると思います．カツやコロッケ，メンチカツなどは明治から昭和初期に導入され，すでに日本風に味つけされた帰化食品となっており，ハンバーガーやフライドチキンは味より，ファーストフード（迅速提供食品？）といわれるように調理法と給仕法にポイントがあると思われます．現在これに対応してスローフード（手作り，低速提供食品）が評価されているように，原料から調理まで目の前で行い，原料からその製造工程まで含めて賞味する食品も現れています．

　これまでは先人の技術として歴史的な考察を述べてきましたが，つぎは最近の近代的

## スライド1−12　加工食品と新しい技術―レトルト食品―

### レトルト食品ならびに缶詰食品

　技術によって作られた加工食品として「レトルト」食品について述べてみましょう．スライド1−12にスーパーマーケットで購入したレトルト食品の一例を示しましたが，米飯のレトルトが最近急成長しております．いままでは行楽用，緊急用としての用途でしたが阪神大震災でその簡便性と「美味しさ」が認められました．いまやラーメンとともに独身者の必須食品となっています．

　加工食品とは素材に物理的，化学的，生物的加工処理をして嗜好性，保存性，栄養性，安全性を高めた食品でありますが，とくに保存性の根本的解決には先人たちの多くの努力と研究がありました．

　保存性の最大のポイントは腐敗の防止でした．現在では腐敗は微生物の繁殖による変質，臭気の発生で食品の安全性，嗜好性，保存性，栄養性を著しく損なうことがわかっております．また腐敗はこの腐敗物を食することでかえって反栄養的現象，つまり病気になる危険性も生じることがあります．

　しかし，この腐敗現象は目に見えない微細な微生物が原因であり，原因を追究するまで長い時間がかかりました．

　腐敗が微生物で起こることを初めて発見したのはパスツールでした．パスツールがこの現象を発見したのは今から約200年前でした．私たちの歴史から見ると200年前はほんの最近といっても過言ではありません．（日本では江戸末期）

　パスツールは高温で加熱した食品を密閉容器に保存（外気との遮断）すれば腐敗することはないことを証明し，腐敗は微生物の繁殖によることを初めて報告しました．

　ここに高圧加熱殺菌と完全密閉の容器に入れた食品は開封しない限り，永久的に保存

できる技術が確立されました．最初は金属製の容器に入れた食物を100℃以上の高温高圧で加熱した「缶詰」が開発されました．缶詰は丈夫な金属容器に入り，常温でも長期保存が可能で，高圧で加熱されており，開封時に即座に食べることの便利さが評価されました．この缶詰を最高の食料源としてアムンゼンは南極大陸の横断に成功しました．

1969年（昭和44年）米国の有人衛星アポロ11号が打ち上げられました．この有人の宇宙衛星で最大の懸案事項は食べ物の問題でした．宇宙という極限の世界での最高の楽しみは「食事」です．その食事の提供のために「缶詰」が考えられましたが，1gの重さの物体を打ち上げるのは金1gと同価格といわれる費用では食品にたいしても徹底的な軽量化が要求されました．多くの研究の結果，耐熱で酸素透過性の少ない樹脂を何重にも積層して，アルミを蒸着したパウチ（袋）に食品を入れ，高圧で約120℃以上の高温殺菌可能なレトルト（Retort）釜で殺菌した食品が宇宙食として宇宙に飛び立ちました．

レトルト食品は缶詰に比較して安価，軽量であり，缶詰のように独特の臭気もないことから高品質の保存性の優れた加工食品の製造が可能となりました．この技術に目をつけた大塚食品㈱とヤマモリ食品㈱がこの技術を導入し，加工食品の製造を開始しました．大塚の「ボンカレー」，ヤマモリの「釜飯の素」は従来の缶詰をしのぐヒット商品となりました．

缶詰は，かつてはスーパーマーケットでも色彩と商品の多様化から大きな展示コーナーを設けておりましたが，現在は一部のフルーツ類，コーヒーなどの飲料類があるのみでレトルトパウチ食品にその座を譲っております．

しかし，レトルト食品の開発の初期には先人たちの多くの苦労があったようです．

大塚のボンカレーを最初に導入した，故大塚正士社長は自伝の中で有名ホテルのコック長に頼んで作ったレシピで自信満々に発売しましたがほとんど売れませんでした．社員に安価で販売したがそれでも社員はソッポをむいたままでした．調べたらまずくて食べられなかったのです．いろいろ検討したところ，レトルトは完全に無菌にするために過酷なまでの加熱を行ったためにカレー独特の風味が壊れてしまったのです．つまり，完成調理されたカレーをパウチに詰めさらに加熱殺菌したために品質が劣化したのでした．このことから最終の加熱殺菌でちょうどよい調理状態になるように，中間調理状態でパウチに詰めてレトルト殺菌することで品質の良いカレーができ上がり，ボンカレーはその後に順調な売上を記録しました．（現在では常識的なことも先人たちには大きな障壁となったのでした）

なお，現在は宇宙食もさらに重量が軽く，保存性も良好な凍結乾燥食品（フリーズドライ）が主流となりつつあります．

凍結乾燥技術は現在食品加工の最高技術ですが，わが国には200年以上も前からこの技術を利用した加工食品がありました．それは寒天です．寒天は伊豆半島の海で採れる海藻の天草(てんぐさ)類を長野県の諏訪や岐阜県の恵那などの冬期気温が急激に下がる地方に運び，ここで天草を煮たものを天日にさらし凍結融解を繰り返すことで水分を昇華させて「寒天」をつくります．海藻を海から数百キロ離れた山中で凍結乾燥する技術は先人たちがどのようにして作り出したのでしょうか．

スライド1－13　ま　と　め

**先人の知恵から生まれた加工食品**

**まとめ**

加工食品⇒素材を物理的・化学的・生物的加工処理をして嗜好性・保存性・栄養性・安全性を高めた食品

○食べること……ヒトは毎日食事をしなければならない
　それは「生命の維持」(義務)と「楽しみ」(快楽)でもある
○現在私たちの食生活には「加工食品」は切っても切れない存在である．この加工食品は一夜にして完成したものではなく，先人の知恵の集積で成り立っている
○これからはさらに新しい技術でより新しい加工食品が現れるであろうがこの技術は「現在の私たちの知恵の集積」が必要である

　以上13枚のスライドで「先人の知恵から生まれた加工食品」についての説明をいたしました．繰り返しますが"食"は全ての生き物にとって必須ですが，とりわけ「高度に進化した人類」にとっては欠くことができません．私たちが今食べている食品に占める「加工食品」の割合は相当高く，今後この比率は益々高くなることでしょう．

　また，人口の増加から世界的な食料の需給バランスが厳しくなります．

　私たちはつぎの世代の人たちに対して，知恵を出し，後世の人々に期待される「先人としての知恵」を出してより有用な加工食品を創ろうではありませんか．

# 第 2 章　商品開発目的と開発戦略

## 「開発目的とマーケティング」

> ★本章から学ぶこと
> 　第 1 章では，今日ある加工食品は私たちの先人の知恵から生まれたことを古代エジプト，中国および日本について代表的例をあげて解説しました．
> 　現在では多くのアイデアがあふれる商品が日夜開発されていますが，商品化については綿密な戦略が必要です．本章では，マーケティングで基本の商品開発の目的と手法について基本を学びます．また商品開発に必要な創造力の育て方もチャレンジします．

　私たちの祖先は食料の確保のために日夜たゆまぬ知恵と努力をはらっていたと思います．薄い毛皮一枚の衣服，自然の洞窟での暮らし，迫りくる野獣と山火事，現在では想像もつかないくらいの厳しい生活であったことでしょう．さらに，この状態での毎日の"食"の確保も容易ではなかったと思います．

　"食"の確保については，海や川が穏やかな日は多くの魚や貝がたくさん採れ，陸地では狩の獲物は毎日はなかったでしょうが，大鹿やマンモスのような大型の獲物が採れた時もあったことでしょう．しかし当時はたくさんの獲物が収穫できてもその貯蔵方法が無いために，満腹になるまで食べると残った獲物は捨てるしかなかったと思います．この弊害を乗り切るために「集団生活」での獲物の分配，長期貯蔵可能な「穀類」の栽培を行うようになり，遊牧から"農耕"を主とした"村"への定着が進むようになりました．

　しかし，定着した大集団も毎日の"食"の確保は大仕事でした．このために余分に採れた魚介類，獣肉，穀物を近隣の村と交換し，不足した食物や衣類，道具類を入手するようになりました．これを「物々交換」といいます．物々交換には ① 余っているもの（余剰），② 欲しいもの（機能），③ 自分で作れないもの（技術），④ 時間的余裕＊（時間）のファクター（因子）が双方の希望を満たす時になりたちます．（＊遊牧民は長期に定着して稲，麦などを作る時間は無いのです）

　スライド 2 - 1 に食品の加工と商品化の歴史についてまとめました．

　ここで，この**物々交換を有利に展開できる技術的要因は加工技術**です．とくに，魚介類，獣肉や野菜類は収穫時を境に鮮度が急激に低下しやがて腐敗します．鮮度の低下は

スライド2－1　食品の加工と商品化

| 食品の加工と商品化 |
|---|

なぜ加工食品が商品として流通するか？
　　初期　物々交換　余っているもの（余剰）
　　　　　　　　　　欲しいもの（機能）
　　　　　　　　　　自分でつくれない（技術）
　　　　　　　　　　時間がない（時間）
　　中期　お金と物との交換
　　現在　専任（商売）　　機能性（味・栄養・保存性）
●便利（convenience）……
★加工食品……原料に物理的，化学的，生物的処理を加えることにより，保存性などの機能性を高めた食品

　この品物の価値の低下につながります．保存性を高める加工技術は最も重要な課題でした．加工食品は「食品を物理的，化学的，生物的に加工してつくる食品」で，物理的とはたぶん初期には天日乾燥，火による乾燥で，この技術がやがて熱風乾燥，凍結乾燥に発展しました．化学的とは塩蔵から始まり分解，合成，電気処理などの処理へ，生物的とは微生物利用による発酵，酵素的分解などに発展しました．この物々交換からやがて物と同価値をもつ「貨幣」への流通に発展し現在の貨幣経済にいたりました．

　これまでは，加工食品の原点についての話でしたから，商品開発については述べませんでした．しかし，現在はスーパーマーケット，コンビニエンスストア，大型専門店を中心とした巨大流通機構が商品の流通を決め，テレビを中心とした広告媒体そして低価格を武器とした外国製品との競合の時代に突入しています．

　（つまり，長い間わが国の商品流通を決めていた問屋，小売，デパートは現在の流通機構からはずれつつあります）

　これまでは製造メーカーと問屋，小売店の3者が流通を握っていました．つまり，小売の販売状況で問屋は工場に生産を依頼します．この平衡関係が崩れなければ3者の利益は安泰でした．このような平穏な時期が昭和40年中ごろまで続き，わが国は高度成長を謳歌してきました．しかし，昭和50年ころから高度成長にかげりが見え始め，流通業界にも兆しが現われ始めました．

　これまでの商品開発についてスライド2－2に示しました．

　昭和39年（1964年）は東京オリンピック開催，東海道新幹線開通（東京―大阪），名神高速道路開通，首都高速道路開通，ジャンボジェット機の登場などが現在の日本の基

スライド2-2　商品開発（マーケティング）

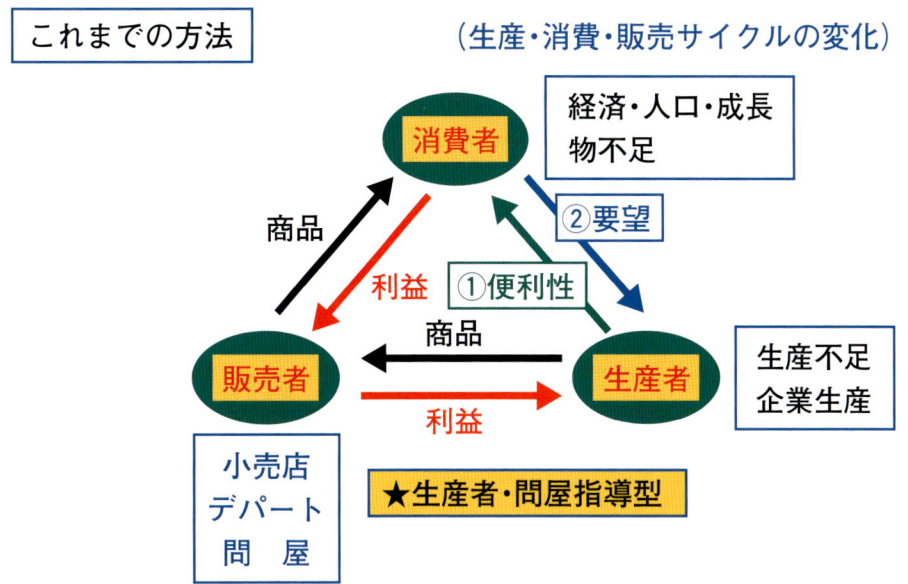

盤をつくり，日本の高度成長への上昇の時代でした．

しかし，この時期は豊富な商品をバックに米国式流通の上陸（スーパーマーケット），外国への渡航の柔化，外国の文化の導入などこれまで（流通経済には）鎖国状態といってもよい日本の環境に少しずつ変化の兆しが出てきた時代でもありました．

この流通の変化は急激に進み，円の変動相場性，海外渡航の自由化と相まって現在にいたっています．ここで商品開発に大きな変化が起こりました．

新しい商品開発の形をスライド2-3に示しました．

このスライド2-3を要約するとつぎの3点にまとめることができます．

① 消費者は大量供給で低利益指向のスーパーに走る（小売店の衰退）
② 小売店の衰退と生産者とスーパーの直接取引き，プライベートブランド（問屋の衰退）の出現
③ 海外の安価品の導入（生産メーカーの衰退と海外転出）

これらの流通を基準にした大きな変化は，ほとんどの商品に遅かれ早かれおとずれましたが，とくにスーパーマーケットを中心としており，食品が最も早く敏感に反応しました．

**食品の中でも，生産の拠点がどこでも製造でき，貯蔵，物流が容易な「加工食品」に大きな影響を与えました．**

スライド2-3　現在の商品開発

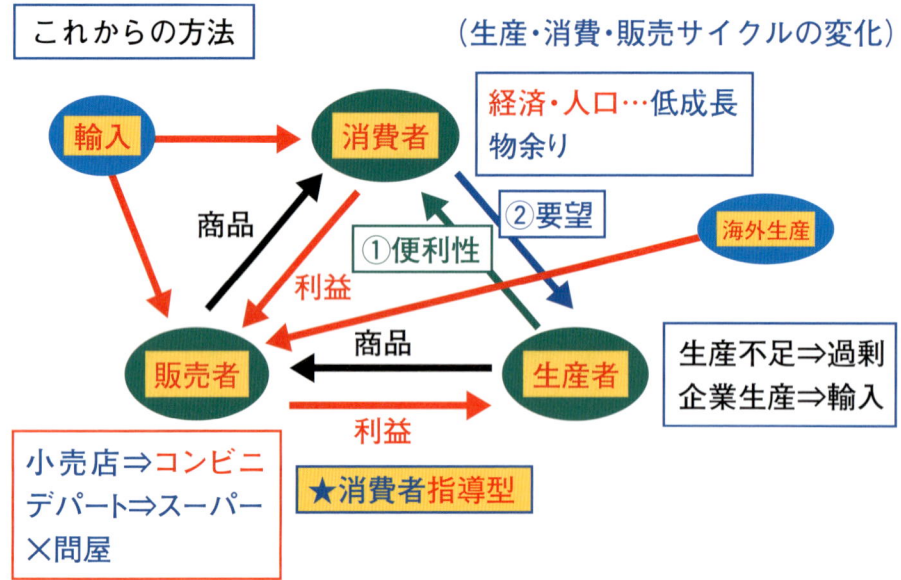

ここで食品を開発し，商品化するために今後どのような因子が存在するか，この影響度を加味して商品開発をする必要があります．

スライド2-4にこの環境要因を，項目別にキーワードとして並べてみました．

スライド2-4　環境要因の変化

食品開発に考慮すべき環境要因

①人口・世帯構造変化
　　●少子・高齢化（家族標準サイズ）
　　●主婦の就職（食の外食化・個食化）
②規制緩和
　　●大店法, 種類, 薬小売免許
　　●国際規格（CODEX）
③物流・流通
　　●インターネット・宅配便・コンビニ
④環境・安全
　　●容器リサイクル，●遺伝子組換・農薬

とくに，留意すべき点はわが国の人口の減少と高齢化の促進です．これらはいわゆる「少子高齢化」で，この現象は今後ますます促進されます．

食品は人口つまり「人の口」に比例します．人口の減少はおのずから食品全体の消費量を減少させます．また，人口の中身ですが，"食"の消費量は，「少子」と「高齢」者は成人に比較して低下します．この解説を以下にいたします．

① 人口・所帯構造変化

● 「少子高齢化」はこれまでに述べたとおりですが，この影響は「所帯構成」の変化にも影響します．全体の"食"の消費量も減少し，「少子」，「高齢化」ともに必要栄養量，嗜好にも違いがあり，その上，所帯の構成も異なるとこれまでの鍋を囲んでの団欒の風景も見られなくなり，必然的に消費される食材は調味料にも変化が起こります．

● 主婦の就職はこれからは増加の一途をたどるでしょう．パートも重要戦力になり，育児休暇も延長され職場復帰の機会も多くなります．

　この影響は家庭にいて料理をつくる主婦の姿は減少し，必然的に既成惣菜の購入，外食化の傾向になります．また孤食（一人で食べる），個食化の傾向になります．

② 規制緩和

● これまでも半ば世襲的にもっていた酒屋の権利が緩和され，酒類がスーパー，コンビニでも売られるようになりました．これからはこれまで規制されていた制限が緩和される速度が速くなると思います．

● また，規格も日本独自の規格から，CODEX（世界規格）が設定されます．これにより輸出の規制も少なくなりますが，輸入もまた規制が少なくなります．

③ 物流・流通

● 現在最も変化の激しい部門が「流通」です．これについては前に述べましたが，この現状がこのまま維持されるわけではありません．インターネット取引，デビットカード，電子マネーなど聞きなれない言葉が続々と登場してきます．

　もう，マイコンの画面を見ながら献立を選ぶと食材が宅配便で届く，支払いは電子マネーといったかっての未来映画の場面が現実になる日も近いでしょう．

　携帯電話の急激な発達も見逃せません．

④ 環境・安全

● 環境問題はこれから大きなウエートをもつようになると思います．

　ゴミのリサイクル，地球温暖化・京都議定書の炭酸ガス排気量の問題も大きな因子になるでしょう．これにより，製品化にともなう廃棄物の問題，包装材料の

選び方，これは包装容器，デザインまで影響を与えることになります．
● 安全性問題は「O-157」事件についてはそろそろ記憶から消えかかるとは思いますが，つづいて「雪印」事件，最近の「BSE」（狂牛病），「鯉ヘルペス」，「鳥インフルエンザ」と多くの"食"の安全性に関する大事件が起こりました．このように事件が起こる度に関連する業界は売上の減少となる大打撃をくらいました．最近，"食"の安全性に対して大幅な法的改革もありましたが効果の発現はこれからです．

遺伝子組み換えの問題については全く未解決ですが，単に有機農作物に逃げることでは解決はできません．

（最近，「O-157」の汚染源はカイワレ大根の説が裁判でくつがえりました．私も恵那にあるカイワレ大根の製造工場（サラダコスモ㈱）を見学しましたがとても綺麗な工場でここが微生物の巣になっているとは思いませんでした．本当の汚染源はどこだったのでしょうか，またどうしてカイワレ原因説が出てきたのでしょうか）

このような食品をとりまく環境要因の変化を先取りして，先端企業はこれまでの成長期のマーケティングから新しいマーケティングの展開を行っています．これは研究開発を入れた開発組織と，縮小均衡の国内から成長する海外を含めた拡大，これまでの既存の販売から新しい市場を自ら創造する積極策へと転換が必要になってきました．

新しいマーケティングの考え方をスライド2-5に示しました．

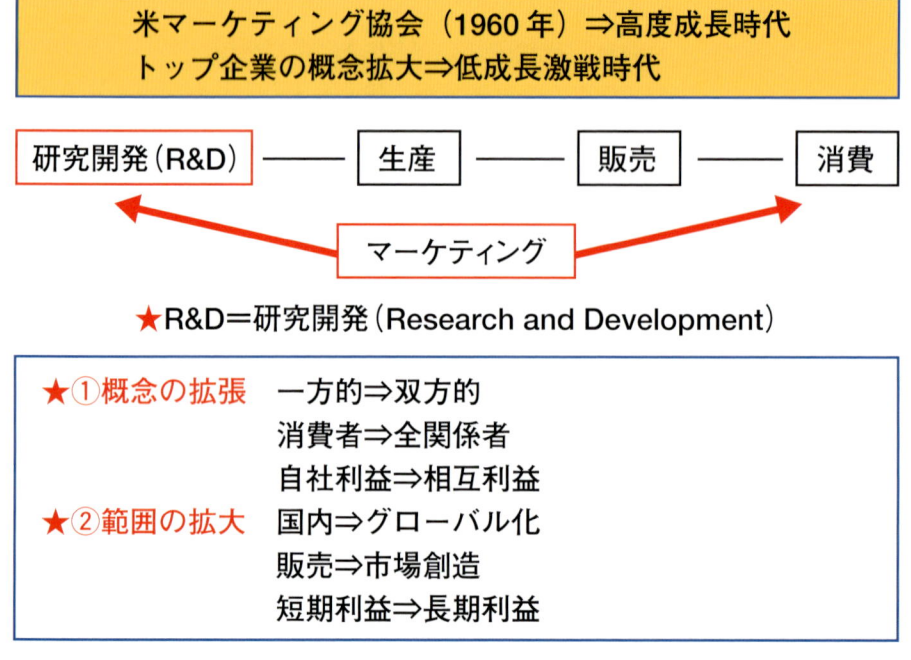

スライド2-5　新しいマーケティングの概念

マーケティングとは直訳すると「市場に出すこと」ですが，かっては物不足の買手市場であり，メーカーで生産したものは問屋のルートに乗せればほぼ自動的といわれるように消費者に渡りました．しかし，現在はスライド2-3に示したように相当の調査と戦術を駆使しないと消費者の購買意欲を引き出すことはできません．

ここにマーケティングの定義を示しましたが，米国マーケティング協会（AMA）の定義では「商品もしくはサービスを生産者から消費者まで流通させるビジネス活動の遂行である」としています．しかし食品トップのメーカーは，マーケティングを現在ではもっと広くとらえて「**研究開発―生産―販売―消費の全プロセスを市場・消費者の立場からアプローチする経営活動全般をいう**」としています．つまり，これからのマーケティングは単に生産者と消費者の関係ではなく，研究開発（R&D）をも含めた生産に関する全般の行動になってきています．

ここでマーケティングの考えの変遷をスライド2-6に示しました．

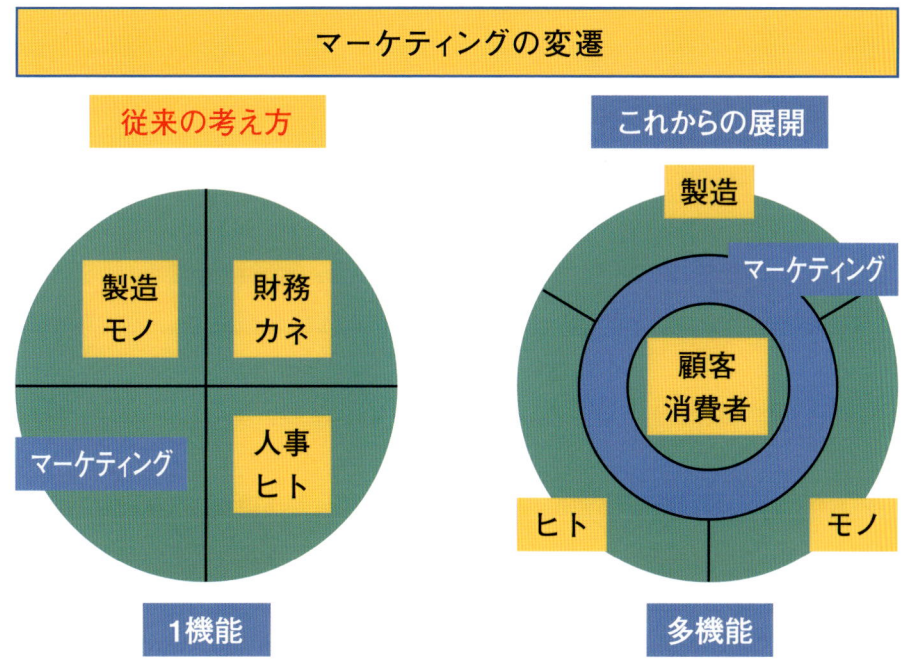

スライド2-6　マーケティングの考え方の変遷

従来の企業のマーケティング活動は生産に関する3要素（ヒト，モノ，カネ）とマーケティングとは個別のものでありましたが，これからのマーケティングは消費者を中心に3要素（ヒト，モノ，カネ）をどのように展開するかの連携活動となってきています．

商品開発を行うものが常に心にもっていなければならないこと，それは商品開発の必要性をはっきり理解することです．スライド2－7に基本的考え方を示しました．

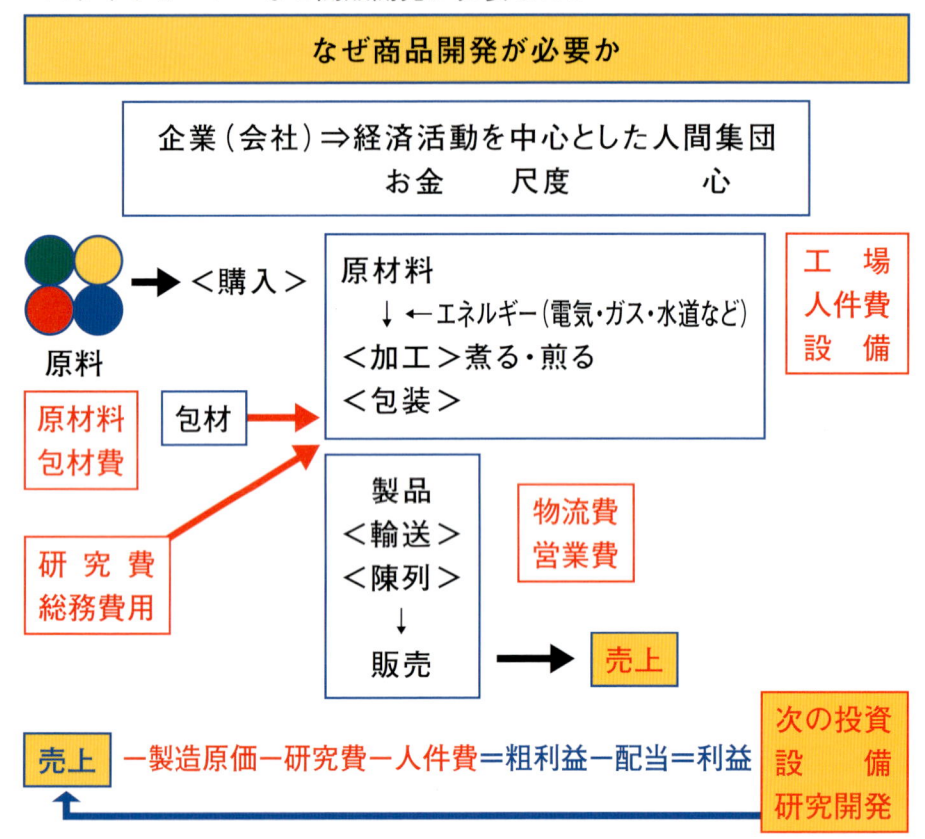

スライド2－7　なぜ商品開発が必要なのか

この一つは「企業は経済活動を中心とした人間集団」であることで，研究活動から生産販売のサイクルが常に動いていることが必要であり，このサイクルの一つが停滞したり欠如したりしますと，企業はやがて活動が低下しやがては停止してしまいます．企業活動の停止や停滞の結果はそこに働く経営者を含めた全従業員（ヒト）への対価（お金）が減少し，家庭の経済活動の低下から社会，ひいては国家の経済活動へまで影響を及ぼす結果になります．

商品開発を行うものが常に心にもっていなければならないこと，それは商品開発の必要性をはっきり理解することです．この利益は研究開発の活性化，生産設備の増強，新規化などで企業が大きく発展します．しかし，順調に発展した商品もやがて他社の競業品の開発，販売価格の競合による低下を招き，やがて利益も減少し，研究，生産，販売のサイクルの停滞を招くことになります．

スライド2－8にこの基本形態を示しました．

スライド2-8　商品には寿命がある

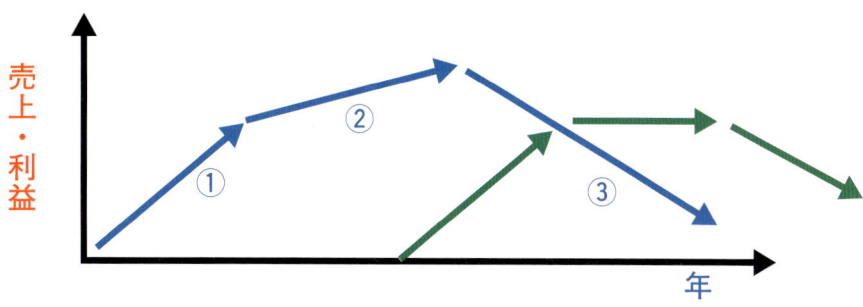

商品のライフサイクル（寿命）
- ①成長期
  ・競争相手無し・価格高い・利益大
- ②安定期
  ・類似品出始め・価格伸び鈍る・利益率減少
- ③衰退期
  ・競争乱立・飽きられる・価格低下・利益トントン

食品のライフサイクルは短く，リニューアルが必要

　このために商品の成長期から安定期に入る時点で，つぎの商品が成長期に入っていることが必要で，このサイクルがエンドレス（無限）に回転すれば企業は順調に展開発展が行われます．開発担当者はともすると「なんのために商品開発をするか」に疑問を感ずることがありますが，この信念こそが商品開発の心そのものであります．とくに商品開発の中でも食品関係の商品開発は特徴として　①　身近なものであり品質や効果の判定がしやすい，②　価格は安価であるが数量が大きい，③　長期的な需要が見込まれるなどの利点があるが，逆に　①　同類の効果をもった類似品が出やすい，②　価格競争になることが多い，③　短期の連続的リニューアル（更新）が必要などの検討点も存在します．

　この例として「どんぶりに入れ，お湯を注いで3分間」で始まったインスタントラーメンは50年以上の年月を迎え，いまや世界商品として成長中です．

　商品開発に最も必要な個人的資質はなにか．この質問は一番よく聞かれます．人材育成面での企業から大学への要望ではスライド2-9に示したように「創造力を身につける」がトップにあります

　問題解決能力，理論的思考力を抜いています．ひとことで創造力を説明するのは大変に難しいことです．しかし，創造力は決して天性ではないということです．

スライド2－9　創造力

**「創造力」**

人材育成面での企業からの大学への要望
　創造力を身につける　　　59社
　問題解決能力の習得　　　51社
　理論的思考力を育む　　　46社
　専門的な知識の習得　　　32社
　一般教養の習得　　　　　17社

＜2003年1月4日朝日新聞（81社アンケート）＞

スライド2－10　創造力をどのように磨くか

**創造力をどのように磨くか**

- 天性ではない（天才ではない）
  ⇒磨けば出せる
- 良く見る力
- なにごとにも興味をもつ
- なぜか，どうしての疑問
  訓練…商品のパッケージからどれくらいの情報が
  　　　得られるか

＜日経新聞・3チャンネルを楽しく読む＞

　「天才は創造力のカタマリとは必ずしもかぎりません」．ノーベル賞を戴いた方々の記事を読みますと，ほとんどの方は「私は天才ではない」といわれておられます．しかしこれらの方々は大変な「創造力」をもっておられると思います．

　現在のICの基本原理を発見しノーベル賞を受けられた江崎玲於奈博士はノーベル賞受賞者のフォーラム「21世紀の創造」で，**人間の能力は「分別力」と「創造力」で「分別力は物事を理解し判断する能力であるが没個性的」しかし「創造力は，豊かな想**

像力や先見性に基づき，新しいアイデアを生み出す個性的なもので未知への挑戦に求められるのはこの能力だ」と述べておられます．（読売新聞より）．

　創造力は天性（生まれつき授けられた力）ではありません，磨けば出せる力です．創造力を引き出す方法は ① よく見る，② 興味をもつ，③ 疑問をもつの3点でしょう．創造力を磨く簡単な方法を最後につけましたので試してみてください．

　情報は私たちの身近にたくさんあります．スライド 2－11 に示した方法も試みてください．

スライド 2－11　情報を読む

**製品の包装からどのようなことがわかるか**

- ネーミング
- 表デザイン
- 裏デザイン
- パッケージ
- 内容表示
- 内容（色・味・香り）

　食品関連の商品開発には，これから開発しようとする現在販売されている商品を購入し，つぎの順序であなた自身の感想を記述（必ず書きとめること）してください．① ネーミング（名称），② 表デザイン，③ 裏デザイン，④ 内容表示，ここまで行ってはじめて中身の評価にとりかかります．パッケージは商品の晴れ着です．とにかく多くの類似商品が並べられた大店舗の陳列台の中で少しでも消費者の目に止まろうとのたゆまない努力をしています．

　パッケージには開発担当者の「思いのたけ」と営業担当者の「熱き思い」これをまとめるデザイナーとコピーライターの「熱意」が詰められています．しかも，パッケージには法律的や流通上表示しなければならない項目が年々増えてきています．内容量，賞味期限，製造年月日，内容成分表示，栄養表示と各種マーク，大小の黒線が並んでいるPOSマーク，これらの必須な表示を除く「空き地」は年々少なくなり，少容量の商品では商品名を記入するのがヤットなのです．

　商品パッケージの情報を全て読み取ることはそれだけで「創造力」の涵養にもなります．

　ぜひ，創造力開発にチャレンジしてください．

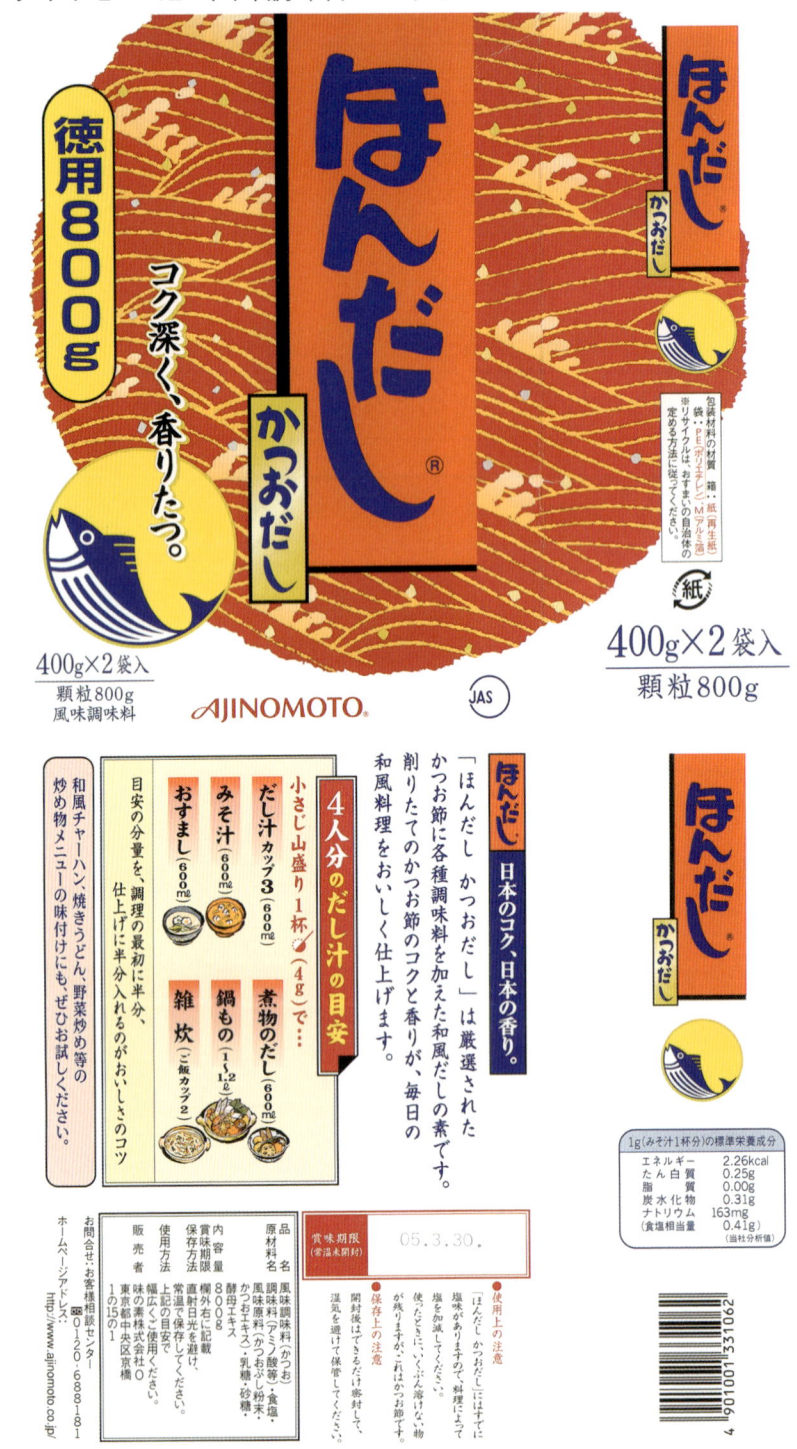

スライド2－12　風味調味料のパッケージ

このパッケージは家庭用の風味調味料のパッケージ（包装）です．

このパッケージからの情報の読み方の一例を示します．

〔表　面〕
- 中央にこの調味料の名称があります．（これは家では表札にあたります）この下部にマル R とあるのは「商標登録済み」の意味です．
  JAS は日本農林規格に合致している商品にのみ表示可能です．
  商品のロゴマークも商品のアピールに重要です．
- 右側面にはこの包装に使う「包装材料」を表示してあります．環境リサイクル対策でこの分類に従って廃棄することが必要です．
- 左側面には栄養成分表示がされております．使用にさいしてはこの成分表示を参考にして栄養計算をしてください．
  また POS のマークがあります．この商品の品名，区分，値段などが記号化されております．

〔裏　面〕
- この商品の代表的な使用例が表示されております．
  とくに賞味期限はこの商品の品質風味が保たれる期限を示しております．この期限が過ぎると急激に腐敗したり，食に適さないことにはなりませんが期限内に使用することは十分な品質保証がなされていることを示しております．
  左下に示された枠内は JAS で規定された表示義務です．とくに原材料名は使用原料の多い順に記載されており，内容成分の概要を知ることができます．

これらの表示はパッケージのどこに記載されてもかまいませんが，表示義務項目と商品名のアピールと商品デザインの3者をどこに配置するかが各社のデザイナーの力量といえます．

# 第3章　食品開発実践論

## 「これまでの先人たちの商品開発の実例」

**事例①　湯豆腐好きの学者の探求心から発見されたうま味調味料「グルタミン酸ナトリウム」その発見と事業化**

★本章から学ぶこと

　第2章で食品開発についての基本論について述べました．

　この章では，現在実際に商品化されている食品を例にその開発を中心に解説しました．

　とくに，食品開発としてうま味調味料の「グルタミン酸ナトリウム」の開発に至った ① 発想と ② 事業化，③ 多角化展開について述べます．

　研究開発（R＆D）と多角化展開による事業拡大に注目してください

スライド3－1　うま味調味料の開発

商品開発事例（1）

うま味調味料の開発

「グルタミン酸ナトリウムの開発と工業化」

・発見の発端
・研究者と開発者の出会い
・工業化への発端
・味の素の設立
・多角化

これまでに日本人が開発して現在でも世界的に使われている食品関連の発明は「グル

タミン酸ナトリウム」と「インスタントラーメン」であるといわれています．日本人の優れた「創造性」が世界的商品となり，世界の人々に食べる楽しみと健康を届けることができることは素晴らしいことです．また驚くべきは，この2つの日本人が作った発明品は初期の開発以来半世紀から1世紀たってもいまだに生産量が増加していることです．

それではこの「グルタミン酸ナトリウム」の発見から工業化そして多角化への道を物語風に解説していきましょう．

スライド3－2　ある化学者との出会い

事業の背景

明治初期

鈴木家…三浦郡（現在葉山）の旧家
　　　⇒米相場失敗で没落（貧困）
　　　⇒残った家を夏「海の家」に
　　★⇒宿泊の化学者が貧困と母の知識に感心
　　★⇒資本の掛からない事業
　　　海草からヨードの生産

藻　塩

明治の初期，波静かな相模湾に面した相模国三浦郡（現在の神奈川県葉山）の旧家での物語です．

この一帯の酒類，穀物を一手に扱う裕福な旧家であった鈴木家は先代が米相場で失敗し，一夜にして田地田畑を失いました．

一つ残った財産は海岸に立った一軒の小さな2階屋でした．一家の窮状を救うために母が思いついたのは，海の家でした．

今日では，葉山は湘南の美しい海岸と電車と高速道路によるアクセスで都心から1時間たらずの至近距離にあるため，夏期はもとより温暖な気候で多くの若者と家族連れでにぎあいます．

しかし，この当時は交通も不便で波静かな一介の漁村でした．でも気候は温暖で葉山御用邸もあり，裕福層の別荘と長期滞在客向けの民宿とが散在しておりました．

母もこれに目を付けて，自分の家の半分を海水浴客向けの民宿にいたしました．

ある日，この民宿に若い一人の技術者が泊まりました．民宿ですから客も家族の一員です．ですから客も家族の暮らしを見ることができます．この客は民宿家族のあまりの窮乏と母の献身的態度にすっかり感心し，何とかこの家族を少しでも楽にしてあげたいと思いました．

朝食後の海岸を散歩していますと砂浜にたくさんの海藻が打ち上げられておりました．化学者はこの海藻を利用した事業を考えて母に進言しました．

スライド3－3　海藻からヨードの生産

**事業基盤**

ヨードの生産
　　戦争での傷の手当てと爆薬にヨードの需要急増

★⇒原料…海岸に打ち上げられる海草「カジメ」
　　方法…乾燥させて焼く…灰からヨード
　⇒戦争で大利益
☆⇒終戦で注文激減
★⇒新たな商品開発の種を求めて東大へ
　　（鈴木三郎助）

この事業とは，海岸に打ち上げられた海藻類を乾燥させ，これを燃してその灰からヨードを生産する方法です．この方法は万葉集（奈良時代西暦700〜800年）にも「藻塩焼く」と表現される歌があるように，昔は海藻を燃してその灰から塩をとっていた方法からヒントを得たものと思われます．

ヨードは海藻に豊富に含まれおり，消毒薬や爆薬の原料になりました．

当時は日本では大きな戦争はありませんでしたが，日本国外では日清戦争（1894〜1895），日露戦争（1904〜1905），第一次世界大戦（1914〜1918）などの大きな戦争が起こっており，ヨードは高価で取引されました．この事業の最初は葉山一帯で海藻を集めての小さな事業でしたが，やがて発展して三浦半島全体から房総にいたるまでの海藻を集める権利もとっての大きな事業として発展いたしました．

このヨード事業で鈴木家は莫大な利益を得ることができました．

しかし，このヨード事業も戦争が終り平和が訪れ，さらに鉱石から採取する新しい方

法が出現して注文が減少していきました．

スライド3－4　池田菊苗博士との出会い

**化学者との出会い**

池田菊苗博士

東京大学教授　（化学・ロンドン留学）

湯豆腐が大好き…★湯豆腐のうま味はなにか？
　湯豆腐…水に昆布を入れて煮えたら
　　　　　　豆腐を入れる
　　　豆腐…たんぱくな味
　　　昆布…ここにうま味の素があるはず
昆布30 kgから水で抽出
　⇒濃縮（大型の時計皿）
　⇒失敗の連続＜マンニットの
　　　　　　　　結晶ばかり＞
　⇒成功＜特許化＞
　　アミノ酸の一種
　　（グルタミン酸ナトリウム）

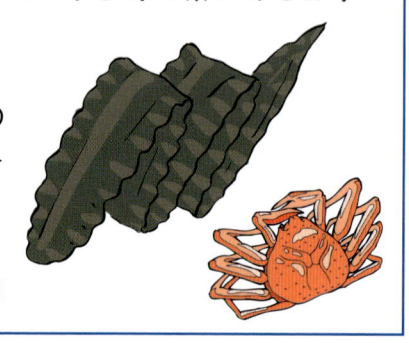

　ヨード事業に替わる新しい事業を起こすために鈴木家の当主（鈴木三郎助）は多くの人々から情報をとるために歩き回りました．

　ある時に，東京帝国大学（現在の東京大学）で池田菊苗博士と面談した際に「昆布の味の成分」についての話を聞き，この商品化を共同で行いたいとの申し入れをしました．

　池田博士は湯豆腐が大好物で，湯豆腐は昆布をゆでたダシに豆腐を入れて食べる単純なものであるが，「うま味」があり大変美味しいことに池田博士は感心しておりました．

　この「うま味」は昆布に含まれている物質に違いないと思っておりました．

　この昆布のうま味の研究について池田博士は回想録でつぎのように述べておられます．

　「明治40年（1907年）妻が良好な昆布を買ってきた．昆布は素晴らしい色や香りと味をもっている．食べ物の香りと色についてはこれまで多くの成分が発見されて商品化されているが，味については「サッカリン」のように怪しげな甘味料以外は商品化されていない．

昆布の味の成分研究はこれまでの研究の欠点を補うことができます．早速この十貫目の昆布を研究室に持ち込んで浸漬液を作り，粘質物，無機を除き，マンニットを結晶させ分離したが「うま味」はこの残液に依然として残っていたが他の研究が忙しくてそのまま中断しておりました．

翌年に雑誌で三宅秀博士の論文を見て「佳味」が食物の消化吸収を促進することを知り，**昆布の「うま味」の研究は安価で美味しい調味料を国民に提供し滋養強壮をはかることは素晴らしいことだと考えさらに研究を進めた．前年の抽出液に鉛塩を加えて結晶化に成功した．この十貫目の昆布から 30 g の結晶がとれた**」（池田菊苗博士追悼集より）と記録されています．

この結晶が「グルタミン酸ナトリウム」であったのです．

スライド 3 − 5　グルタミン酸ナトリウムの工業化

### グルタミン酸ナトリウムの工業化

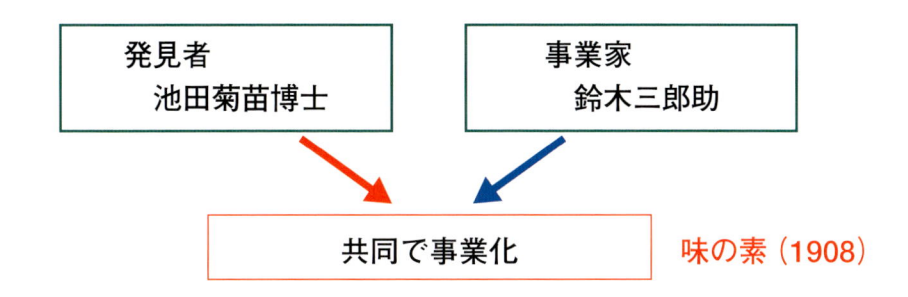

| 発見者 池田菊苗博士 | 事業家 鈴木三郎助 |

共同で事業化　　味の素（1908）

**グルタミン酸ナトリウム**
植物性・動物性タンパク質の構成アミノ酸
とくに小麦グルテンに多い

★ 1866 年・Ritthausenn（ドイツ）が発見していた

このグルタミン酸ナトリウムの製造については明治 41 年に特許出願されました．

この工業化は発明者池田菊苗と事業者鈴木三郎助によって工業化が開始されました．

このグルタミン酸ナトリウムの調味料の製造・販売のために明治 41 年（1908 年）設立された会社が現在の「味の素株式会社」です．

グルタミン酸はアミノ酸の一種であり，他の 18 種類の L −アミノ酸とともにタンパク質の構成成分であります．グルタミン酸は動物タンパク質，植物タンパク質に最も多く含まれています．

グルタミン酸を初めて発見したのはドイツの Ritthausenn（リットハウセン）で，1866 年に小麦タンパク質から抽出しています．しかし，このアミノ酸に「うま味」が

## スライド3-6　グルタミン酸ナトリウムについて

**グルタミン酸ナトリウム**

★1866年・Ritthausenn（ドイツ）によって発見されていた
　しかし，味についての記載は無い
　⇒池田特許（うま味はグルタミン酸ナトリウム）

$$\left[ \begin{array}{c} {}^{-}OOC-CH_2-CH_2-CH-COO^{-} \\ | \\ NH_3^{+} \end{array} \right] Na^{+} \cdot H_2O$$

$C_5H_8O_4NNa \cdot H_2O$　　187.13

**Mo**no**s**odium　**L-G**lutamate　Monohydrate（**MSG**）

食品添加物
（一括表示可）
アミノ酸など

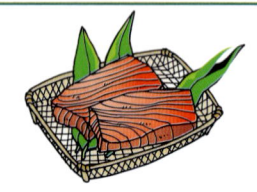

あることを見つけたのは日本の池田菊苗博士であります．

　リットハウセンがグルタミン酸を見つけてから約35年の間，多くの研究者がグルタミン酸を扱い，たぶんなめた人も多かったと想像するが，池田菊苗博士が昆布から発見するまで「うま味」の存在を見つけることはありませんでした．

　グルタミン酸は弱い酸味をもっていますが，これを中和して製造されたグルタミン酸ナトリウムは強い「うま味」をもっています．正確には1水和物であり，分子量は187.13です．分子量は同じで旋光度が異なるD－グルタミン酸には「うま味」は全くありません．

　グルタミン酸ナトリウムは略名を**MSG**ともよばれています．グルタミン酸は天然物にどこでも多量に存在するアミノ酸ですが，現在の製造方法ではカセイソーダ（水酸化ナトリウム）で中和されるので食品添加物に指定されています．

　食品の安全性は実験的にも完全に証明されており摂取量の設定もありません．

　グルタミン酸もアミノ酸であるがタンパク質を構成する他のアミノ酸もそれぞれの味をもっており，食品の味の基本になっていることがあります．

　昆布の味はグルタミン酸ですが，トマトもグルタミン酸です．梨はアスパラギン酸，うにはメチオニンなどです．もちろんこのアミノ酸単独でその食品の味を全てあらわすことはできませんが，これらのアミノ酸が中心になって基本の味を構成していることは

スライド3－7　アミノ酸の味

### アミノ酸の味

アミノ酸と味
　食品の味はアミノ酸が司っている
　　◎昆布（コンブ）　…グルタミン酸
　　◎トマト　　　　　…グルタミン酸
　　◎梨　　　　　　　…アスパラギン酸
　　◎うに　　　　　　…メチオニン
　　◎きのこ　　　　　…グルタミン酸

カクテル・・ブラッデマリー（トマトジュース，ウオッカ，MSG）

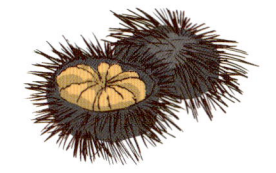

たしかです．面白いことにブラッデマリーとよばれるカクテルにはグルタミン酸ナトリウムが添加されるそうです．

スライド3－8　塩酸分解法によるグルタミン酸ナトリウムの製造方法（概要）

### 製造方法（概要）

○基本原理

DNAの指令
　⇒アミノ酸の結合
　⇒目，爪，筋肉，血管など

タンパク質…18種のアミノ酸の組合せ

CONH　　ペプチド結合
－CONH　●　CONH　■　CONH　●　CONH－

**タンパク質からアミノ酸の製造**

① 塩酸（HCl）による分解　　106℃・20時間分解
② 酵素による分解　　　　　30～40℃・20時間分解

－$NH_2$　●　COOH　$NH_2$　■　COOH　$NH_2$　●　COOH－

無味　→　味

グルタミン酸ナトリウムは，現在では砂糖の原料である糖蜜を原料に微生物を使用した発酵法によって製造されていますが，池田菊苗博士が開発し，鈴木三郎助氏が工業化した方法はタンパク質の塩酸分解法による製造でした．

　タンパク質とは，私たちの筋肉や血液はもとより皮膚，爪や毛髪などの構成成分です．牛豚肉，魚肉などの他に植物の種子にも多く含まれています．これらの植物種子からは大豆タンパク質，小麦タンパク質（グルテンとよぶ）もとれます．

　これらのタンパク質はスライド3−6でも述べましたが18種のアミノ酸が結合してできています．このアミノ酸とアミノ酸を結合する結合（−CONH−）をペプチド結合といいます．

　タンパク質はこのアミノ酸の種類と結合数で性質が異なり，それぞれの機能をもつタンパク質になります．アミノ酸を結合してタンパク質をつくる方法は細胞のDNAの指令により酵素の力で作られます．

　このタンパク質を分解して一つ一つのアミノ酸にする方法はタンパク質分解酵素か塩酸を使用する方法です．

　酵素で分解する方法は，酵素は酵素が高価であることと，完全に一つ一つのアミノ酸に分解できないのでうま味が弱い問題があります．

　一方，塩酸分解方法はタンパク質を構成するアミノ酸に分解できることと塩酸を加え加熱するので腐敗の心配もありません．

　池田菊苗博士はグルタミン酸ナトリウムの製造にこの塩酸分解方法を採用しました．また鈴木三郎助氏もヨードの製造で高温や酸の取扱いに慣れていたと思われます．

　池田菊苗氏の特許は2つの請求項（クレーム）でなりたっています．

- 　● 第1項は昆布の「うま味」はグルタミン酸ナトリウムであること．
- 　● 第2項はタンパク質を塩酸で分解したものはそれだけで「うま味」をもつ調味料であること．

　この第1項はグルタミン酸ナトリウム単体であるが，このタンパク質の塩酸分解物やグルタミン酸ナトリウムの結晶をとった残液（母液）でもうま味がある調味料であることを示唆されています．（このことは，池田博士は当時からアミノ酸独自の味についての知識をもっていたと思われる．現在のアミノ酸調味料はこのアミノ酸を混合して独特の味を出しているものが多い）

　池田菊苗博士と鈴木三郎助氏はグルタミン酸ナトリウムを製造する際の原料として小麦のタンパク質である小麦グルテンを使用しました．これは小麦グルテンが全体のアミノ酸の内の30％をグルタミン酸が占めており，含有量が多いためです．

　この原料の小麦グルテンは小麦粉を水にさらしてつくります．沈殿する部分が小麦デ

スライド3－9　グルタミン酸ナトリウムの製造（塩酸分解法）

**グルタミン酸ナトリウム（MSG）の製造（塩酸分解法）**

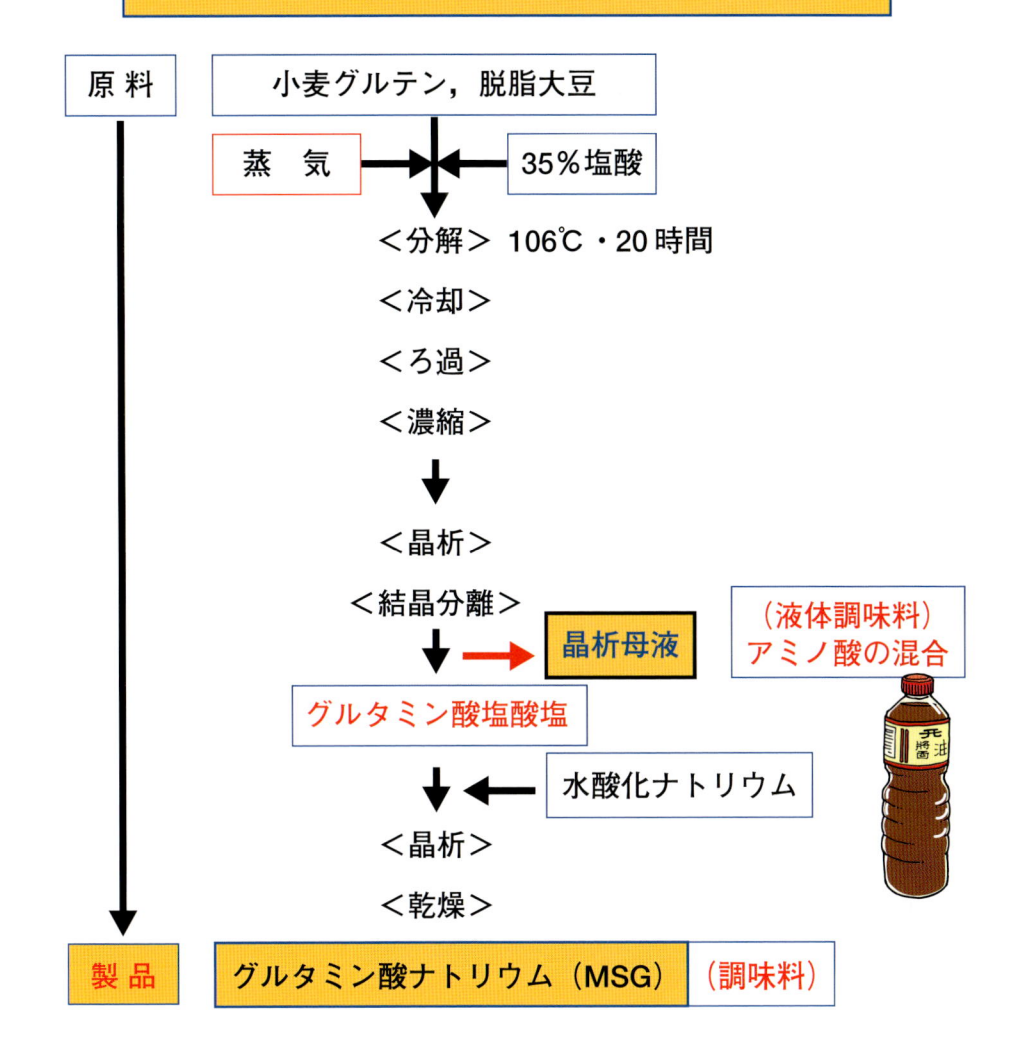

原料：小麦グルテン，脱脂大豆
　　　＋蒸気＋35％塩酸
　　　↓
＜分解＞106℃・20時間
＜冷却＞
＜ろ過＞
＜濃縮＞
＜晶析＞
＜結晶分離＞→晶析母液→（液体調味料）アミノ酸の混合
↓
グルタミン酸塩酸塩
↓←水酸化ナトリウム
＜晶析＞
＜乾燥＞
↓
製品：グルタミン酸ナトリウム（MSG）（調味料）

ンプンで，グルタミン酸ナトリウムの製造工場には当時は小麦の精製を行うデンプン工場がありました．

　塩酸分解法によるグルタミン酸ナトリウムの製造方法の概要は原料の小麦グルテンに塩酸を加えて加熱し，タンパク質を完全にアミノ酸にします．この小麦グルテン分解液を煮詰めてグルタミン酸の塩酸塩を結晶化させます．このグルタミン酸塩酸塩を水酸化ナトリウムで中和してグルタミン酸ナトリウムとします．

　この時にグルタミン酸塩酸塩をとった残りの液（母液）にはとりきれなかったグルタミン酸や多くのアミノ酸が残存しています．この液を中和して製造されたのが一般には「アミノ酸液」とよばれている液体調味料で味の素㈱では「味液(みえき)」とよばれております．

## スライド3－10　企業の多角化

**企業製品の多角化（原料の確保）**

原料　①小麦グルテンの確保

小麦⇒粉砕⇒分離⇒グルテン⇒塩酸分解…MSG
　　　　　　　⇒デンプン⇒糊（繊維，ダンボール）
　　　　　　　　　　　　⇒食品用（カマボコなど）
　　　　　　　　　　　　⇒糖化（グルコース）

原料　②脱脂大豆

大豆⇒搾油⇒脱脂大豆⇒塩酸分解…MSG
　　　　　　　　　　⇒分離タンパク質
　　　　　　　　　　⇒大豆油…テンプラ油，サラダ油
　　　　　　　　　　⇒マヨネーズ，ドレッシング
　　　　　　　　　　⇒化成品

このアミノ酸液は濃厚なうま味をもっているので，醤油や各種加工調味料に用いられております．（このアミノ酸液については第4章で詳しくとりあげます）

　なお，現在でも「味液」は商品として販売されておりますが，グルタミン酸ナトリウムの製造は糖蜜を原料とする微生物による発酵で生産されるようになり，現在では原料も大豆になりグルタミン酸ナトリウムもとらなくなったのでより濃厚なうま味をもった調味料として販売されております．

　また，当時小麦グルテンを製造するために副生物となったデンプンの有効利用も検討され，繊維に染色時の糊剤，ダンボールの糊や食品ではかまぼこなどに使われたりしましたが，やがて開発された微生物による発酵法によるグルタミン酸発酵には欠かせないグルコースなどの糖源として使われるようになりました．

　企業では目的のグルタミン酸ナトリウムをとるためには小麦からグルテンとデンプンをとったり，グルタミン酸ナトリウムの母液を「味液」のような調味料とするなど，多くの用途を開発して，これにより会社が大きくなったり発展したりすることを「事業の多角化」とよんでいます．

　ここで発酵法によるグルタミン酸ナトリウムの製造について概要を述べてみましょう．
　グルタミン酸は小麦グルテン，大豆タンパク質などのタンパク質の構成成分であり，

## スライド3-11　発酵法によるグルタミン酸ナトリウムの製造

**グルタミン酸ナトリウム（MSG）の製造（発酵法）**

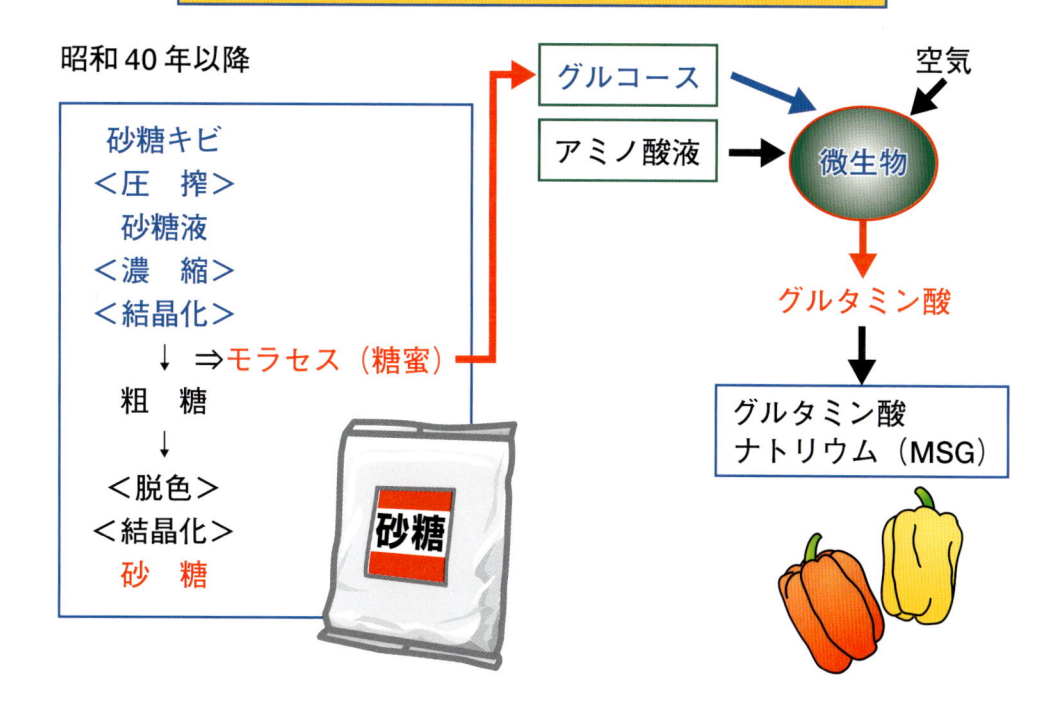

昭和40年以降

砂糖キビ
＜圧　搾＞
砂糖液
＜濃　縮＞
＜結晶化＞
　↓　⇒モラセス（糖蜜）
粗　糖
　↓
＜脱色＞
＜結晶化＞
砂　糖

グルコース
アミノ酸液
空気
微生物
グルタミン酸
グルタミン酸ナトリウム（MSG）

塩酸分解法はこのタンパク質を分解してグルタミン酸をとる方法です．

　私たちの体ではグルタミン酸などのアミノ酸の多くを自分の体内でつくることができます．この出発原料は糖分であるグルコースです．単細胞である微生物でもこの方法でグルタミン酸をつくる経路が存在していることは以前から知られておりましたが昭和30年（1955年）の後半から微生物によりグルタミン酸ナトリウムをつくる研究が開始されました．効率的な微生物の探索，培養方法などの研究が行われ，昭和39年（1964年）ころから，微生物によるグルタミン酸の製造が実用化されました．この方法は塩酸分解法に比較して，原料も糖であり単純で，塩酸なども使用しないので副生物も少なく安価である利点がありました．

　現在では世界で生産されているグルタミン酸ナトリウムの100％がこの方法でつくられております．この発酵法による原料は糖蜜です．糖蜜はサトウキビから砂糖をとった残りの液でまだたくさんの砂糖が含まれており，微生物の生育に必要な多くのビタミンやミネラルも含んでいます．またこのグルタミン酸をとった後の残液は調味料などには使用されません．カリやリン酸も含むので肥料として砂糖畑にもどされ，リサイクル利用されます．

　この発酵法によるグルタミン酸の製造はさらに発展し，効率よく大量にグルタミン酸

## スライド3-12　企業製品の多角化（発酵法）

**核酸調味料**

**うま味調味料**
① グルタミン酸ナトリウム（MSG）…コンブのうま味
② イノシン酸ナトリウム（IMP）…鰹節のうま味
③ グアニル酸ナトリウム（GMP）…シイタケのうま味

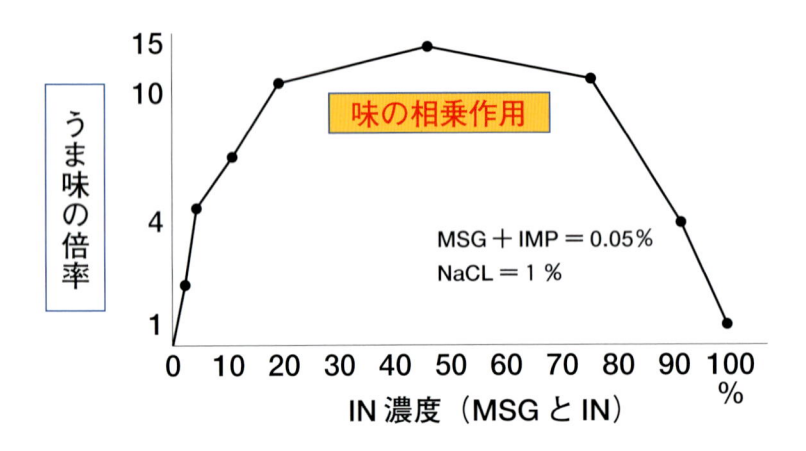

味の相乗作用

MSG ＋ IMP ＝ 0.05％
NaCL ＝ 1％

縦軸：うま味の倍率
横軸：IN 濃度（MSGとIN）

を製造することができることと，グルタミン酸以外のアミノ酸やグルタミン酸ナトリウムと並ぶうま味調味料のイノシン酸ナトリウムやグアニル酸ナトリウムの発酵法による製造も可能となりました．現在ではほとんどのアミノ酸が発酵法でできるようになりました．

発酵工業は調味料に限らず，医薬や化成品に至るまで幅広く応用され，日本のお家芸の一つとなっており，バイオ産業の中心をつくっております．

このように池田菊苗博士が明治40年に昆布のうま味の追求から発見されたグルタミン酸ナトリウムは鈴木三郎助氏というすばらしい事業家の伴侶を得て塩酸分解法から発酵法と技術的革新も加わり100年を経た現在，大きな事業に発展しました．現在の味の素㈱は世界に40カ国以上の工場や支店をもち，調味料はもとより，食品から医薬，化成品に至るまで多角化が計られました．

この例は科学技術と企業事業化がお互いの長所を生かし発展した典型的な例と思われます．

微生物を利用した発酵法によるグルタミン酸の製造は昭和30年代後半から工業生産されるようになりました．これまでは，グルタミン酸ナトリウム（MSG）はタンパク質の酸分解法により製造されておりました．発酵法の出現によってMSGを主とする調

スライド3－13　グルタミン酸ナトリウムの工業化

**企業製品の多角化（発酵法）**

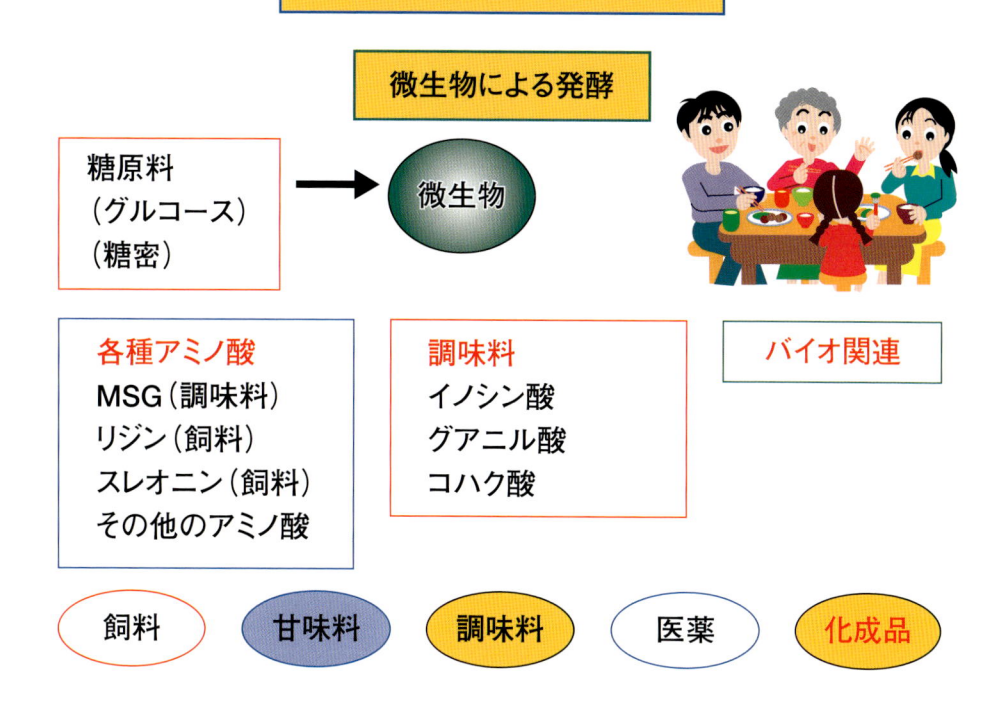

微生物による発酵

糖原料
（グルコース）
（糖密）
→ 微生物

各種アミノ酸
MSG（調味料）
リジン（飼料）
スレオニン（飼料）
その他のアミノ酸

調味料
イノシン酸
グアニル酸
コハク酸

バイオ関連

飼料　　甘味料　　調味料　　医薬　　化成品

味料業界は大きな変動をうけました．

　酸分解法では原料価格，原料精製工程，副産物の有効利用などでMSGの価格が決定されました．酸分解法の時代は少なくとも20社以上のMSGのメーカーがあったといわれております．しかし，酸分解法MSGは強塩酸の使用などで技術的にも環境的にも難しく，生産量も少なく，MSGは貴重品扱いでかなり高価に取引されていました．

　しかし，発酵法の出現で原料が糖蜜などの安価な原料となり，微生物の育種改良で発酵収率，蓄積率も増加するにしたがってMSGの価格は低下していきました．

　MSG業界はこの技術革新によって大きく変化しました．技術力のあるメーカーが発酵技術を導入して発酵法に転換し，さらにこの発酵技術の展開でイノシン酸，グアニル酸などの核酸系調味料の生産に進出し地盤を強化しました．（スライド3－13）現在ではMSGは生産拠点は全て海外になりました．この技術でアミノ酸，医薬へとさらに付加価値の高い製品への製造と展開がなされています．（スライド3－14，15）

　しかし，発酵法に転換できなかった酸分解法メーカーも「酸分解アミノ酸メーカー」として現在でも存続しております．

スライド3－14、15　企業と商品開発

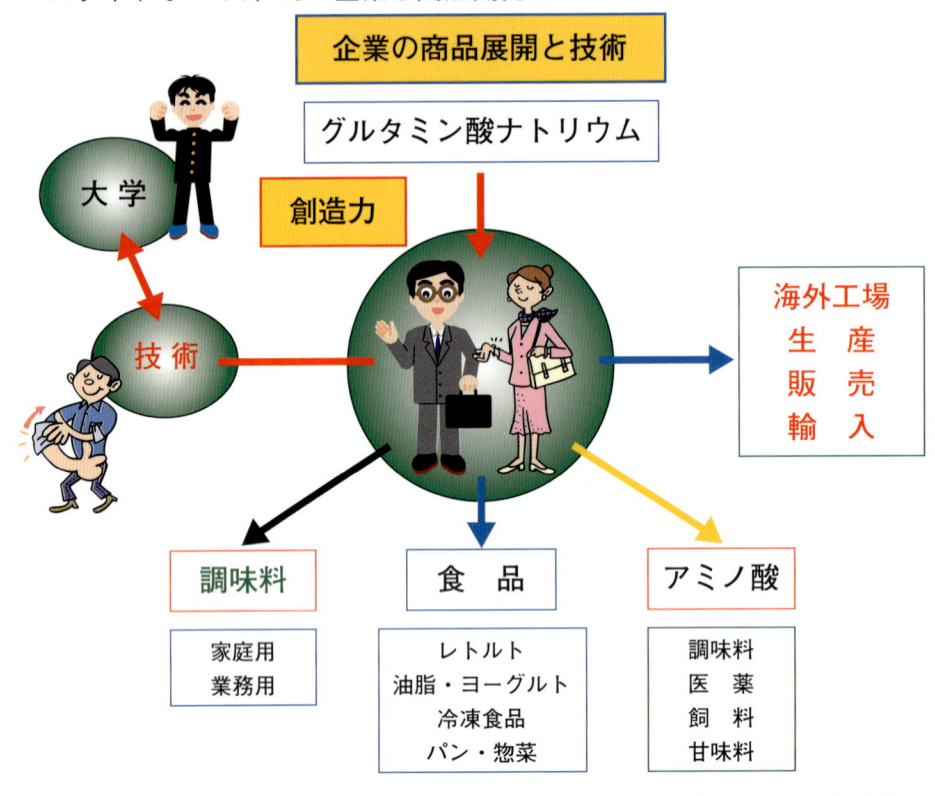

## 企業の商品展開と技術

グルタミン酸ナトリウム

大学 — 技術 — 創造力

- 海外工場　生産　販売　輸入
- 調味料：家庭用、業務用
- 食品：レトルト、油脂・ヨーグルト、冷凍食品、パン・惣菜
- アミノ酸：調味料、医薬、飼料、甘味料

## グルタミン酸ナトリウム（MonoSodium-L-Glutamate）の工業化

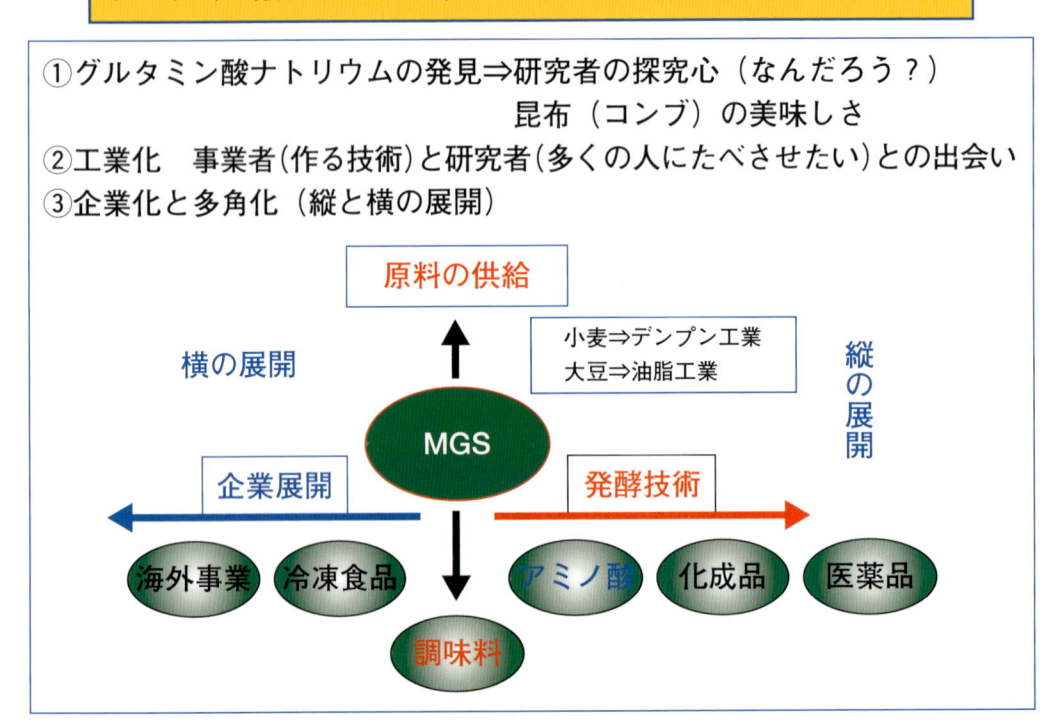

① グルタミン酸ナトリウムの発見⇒研究者の探究心（なんだろう？）
　　　　　　　　　　　　　　　　昆布（コンブ）の美味しさ
② 工業化　事業者（作る技術）と研究者（多くの人にたべさせたい）との出会い
③ 企業化と多角化（縦と横の展開）

MGS
- 原料の供給：小麦⇒デンプン工業、大豆⇒油脂工業
- 横の展開（企業展開）：海外事業、冷凍食品
- 縦の展開（発酵技術）：アミノ酸、化成品、医薬品
- 調味料

## 事例②　化学者が偶然発見したダイエット甘味料「アスパルテーム」と工業化
### 「なんでもなめてみる，それが大発見につながる」

★本章で学ぶこと

　甘いもの，それは食生活にはなくてはならないものです．この代表が砂糖ですが神様はその原料として熱帯，温帯地方には「サトウキビ」，ヨーロッパの寒い地帯には「砂糖だいこん」（ビート）と平等にお恵みになりました．しかし，この砂糖の難点は高エネルギー，運動や労働が足りないと脂肪として体内に蓄積され「肥満」と「糖尿病」の原因となります．

　エネルギーがなく，甘味のある物質として人工合成甘味料「サッカリン」，「ズルチン」が発明され重宝されましたが，やがて安全上の問題が指摘されました．

　この時に全く新しいタイプの甘味料が発見されました．…アミノ酸系の甘味料「アスパルテーム」です．ここでは ① この発見への経緯と ② アミノ酸が結合したペプチドも甘味料となることをを学んでください．

　新しい発見は偶然が多いものですが，だれでもこのチャンスをものにすることができるかというとそうではありません．

　グルタミン酸ナトリウムも池田菊苗博士が昆布から発見して初めて「うま味」として脚光を浴びましたが，グルタミン酸は池田博士の発見の10数年前に発見されているのですから，たぶん多くの人がなめてその味を見ているはずですが「うま味」と感じた人はいませんでした．この中には「美味しくない味」とハッキリ記録している化学者もいるくらいです．

　アスパルテームの発見のいきさつはつぎのようです．

　アスパルテームはスライド3－16に示しましたが，アミノ酸のアスパラギン酸とフェニルアラニンが結合したペプチド甘味料です．

　アミノ酸が2つ以上結合したものをペプチドとよびます．アミノ酸が50個以上結合したものはタンパク質とよばれます．アミノ酸は立体光学異性体ですので，L体とD体がありますが（特殊な例を除いて）生物を構成しているのはL体です．

　人体を構成しているアミノ酸はL体で18種類あります．ですから2つのペプチドのみでも324通りできます．3つのアミノ酸でのペプチドでも大変な数になります．アミ

54　第3章　食品開発実践論

ノ酸の味は甘味，うま味，苦味，酸味，無味とそれぞれの味がありますが，2つ結合したペプチドの味は予測できません．うま味をもったグルタミン酸が2つ結合したグルタミル・グルタミン酸はうま味は全くありません．酸味か無味なのです．ですから2つのアミノ酸が結合したペプチドが甘味をもつことは全く予想ができませんでした．このような背景での新しい甘味の発見は全くの偶然でしょう．

　　スライド3－16　アスパルテームの発見

**ダイエット甘味料・アスパルテーム**

好奇心⇒なんでもなめてみる…それが巨万の富をもたらす

1965年（昭和40年）
米国の製薬会社の研究

**Asp-Phe-OM**

ペプチドホルモンの合成実験の過程で
指をなめたところ，強烈な甘味を感じた

この発見のいきさつを述べてみましょう．

　　スライド3－17　胃液分泌ホルモン…ガストリン

**ペプチド・ホルモンについて**

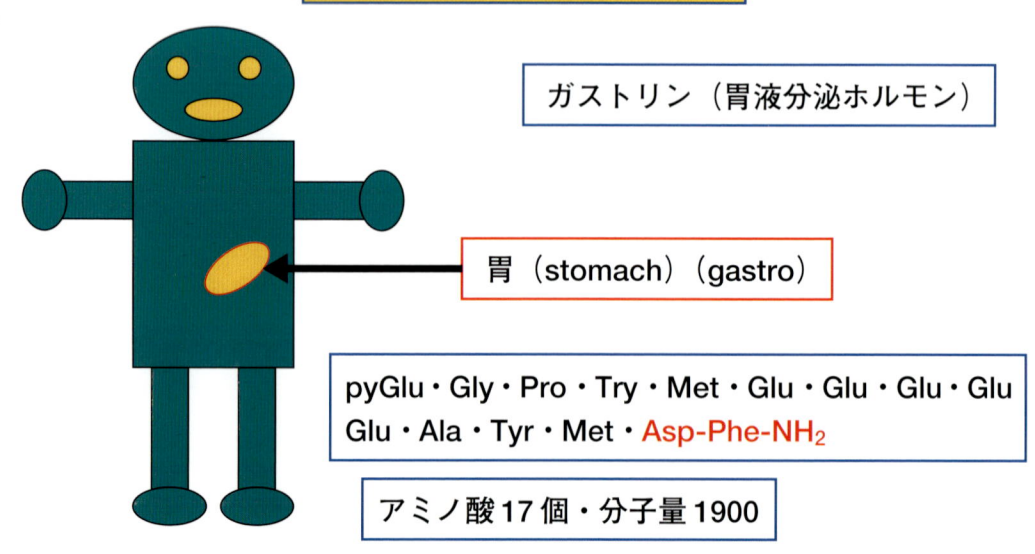

ガストリン（胃液分泌ホルモン）

胃（stomach）（gastro）

pyGlu・Gly・Pro・Try・Met・Glu・Glu・Glu・Glu
Glu・Ala・Tyr・Met・Asp-Phe-$NH_2$

アミノ酸17個・分子量1900

アミノ酸略号　　IpEGPWLEEEEEAYGWMDF-$NH_2$

ガストリンと新甘味料？何の関係でしょうか．では説明いたしましょう．

私の胃は食べ物の消化に重要な器官です．この胃では酸性の胃液が分泌され殺菌と酸性で働く酵素ペプシンが働きやすくします．この胃液はいつも分泌されてはおりません．食事で食物をとるとその指令が脳に伝わり胃液が分泌され消化の準備にかかります．

この胃液の分泌を司るホルモンが胃液分泌ホルモン，ガストリンです．このホルモンはすでに構造が決定されており，アミノ酸が17個結合した分子量1900のペプチドホルモンです．

ある化学者がこのホルモンを人工的に合成しようと実験を開始いたしました．

現在ではペプチドの合成は固相合成法で自動分析で簡単にできますが，当時はペプチドの合成は大変な手間と時間を必要としました．

スライド3－18　アスパルテームの合成

**ペプチドの合成方法**　（液相法）（固相法）

アミノ酸…分子内にカルボキシル基とアミノ基をもつ化合物

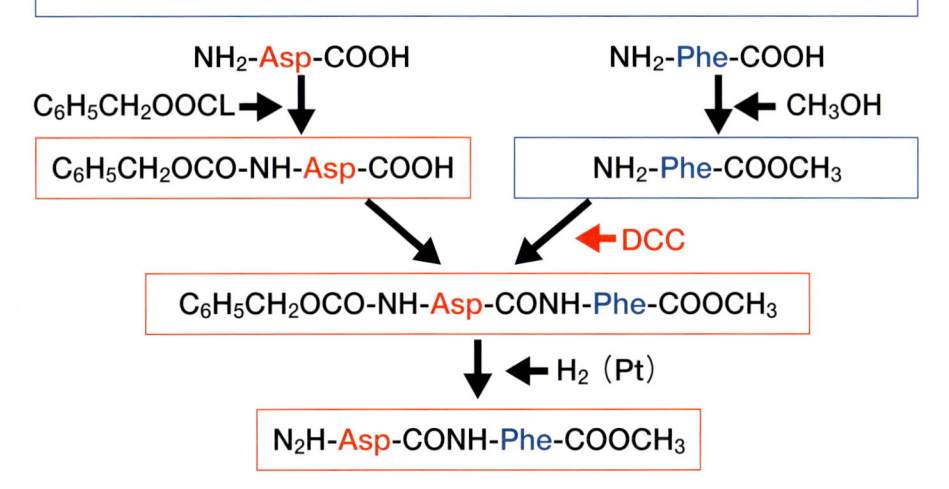

$NH_2$-Asp-COOH　　　　　　$NH_2$-Phe-COOH
$C_6H_5CH_2OOCL$ →↓　　　　　　↓← $CH_3OH$
$C_6H_5CH_2OCO$-NH-Asp-COOH　　$NH_2$-Phe-COOCH$_3$
　　　　　　　　↓　　　↙　← DCC
$C_6H_5CH_2OCO$-NH-Asp-CONH-Phe-COOCH$_3$
　　　　　　　　↓　← $H_2$（Pt）
$N_2H$-Asp-CONH-Phe-COOCH$_3$

ペプチドの合成はまず，N末端から一つづつ結合させていきます．

アミノ酸を2つ結合する場合ですが，アミノ酸は分子内にアミノ基とカルボキシル基を一つづつもっています．アミノ基とカルボキシル基の結合はDCC試薬で縮合結合させますが，アミノ酸をそのまま反応させますとアミノ基とカルボキシルが勝手に反応してしまいますので，反応したいアミノ基とカルボキシル基以外の反応基を反応しないように試薬をつけてしまいます．（これを保護するといいます）

このためにアスパラギン酸のアミノ基を保護し（Z化といいます），フェニルアラニンのカルボキシル基をメチル化します．ここでDCCでアミノ基とカルボキシル基を縮

合してペプチドとします．ここでアスパラギン酸のカルボキシル基についたZ基を白金触媒中で水素で外します．この段階でこの化学者は分析のために少量の結晶をとり，薬包紙についた結晶が手についたので何の気なしになめたら強い甘味を感じました．

　この化学者はガストリンの合成よりこのペプチド中間体の強烈な甘味に興味をもって研究を行いました．これがアスパルテームの発見の経緯です．

　たぶんこのガストリンの合成はこの化学者以外に多くの研究者が試みたはずです．当時のペプチド合成法はこの方法以外ありませんのでこのアスパルテームを分離しているはずですが，ガストリン合成が目的ですので中間体には目もくれなかったと思います．

スライド3－19　アスパルテームの構造と物性

---

アスパルテームの性状

①名　称　α-L-アスパルチル-L-フェニルアラニン　メチルエステル
②化学式　$C_{14}H_{18}N_2O_5$
③分子量　294.31

$$\text{NH}_2\text{-CH(CH}_2\text{COOH)-CONH-CH(CH}_2\text{C}_6\text{H}_5\text{)-COOCH}_3$$

④白色の無臭粉末
⑤甘味度　砂糖の約200倍
⑥食品添加物
⑦カロリー1g当たり4 cal

---

　砂糖の200倍の甘味度をもっており，構造でもペプチドですので普通のタンパク質と同じように消化器で分解されアミノ酸と同じように吸収されます．一時メチル基の挙動について論議がなされましたが，とくに副作用が化学的にも動物実験でも確認されました．現在では安全な甘味料としてコーラ飲料，アイスクリームや氷菓，コーヒーなどに使用されております．砂糖の約200倍と強い甘味ですので，コーヒーなどの砂糖がわりにはデキストリンなどで増量されて甘味度を押さえています．食品添加物ですがこの安全性のデータはグルタミン酸ナトリウムに匹敵するといわれており，各方面での多量な実験でのデータが蓄積され安全性が確認されております．

　ペプチドの味やアスパルテームの甘味については多くの新しい知見がありますが，ここではこの甘味をもつペプチドの「超偶然的」発見に注目してください．

　いつでもどこでも何物にも興味をもつこと，食品開発者であればまずなめて見ること

が必要でしょう．

　この興味となんでもなめて見ることも創造力の一つと思います．

　第2章の終わりに創造力の必要性を述べましたが，スライド3－20にはノーベル賞になった大発見も創造力の賜物と思います．

スライド3－20　創造力が新しい発見を生む

参考（世界的発明発見は間違えの追求から…創造力）

ペニシリン（抗生物質）
　●フレミング　　　⇒　菌の培養液が微生物の培養シャーレに飛んで斑点ができた

トランジスタ（ダイオード）
　●江崎博士（ソニー）⇒　純粋なシリコンに微量の金属を混合すると通電する

タンパク質の構造解析
　●田中博士（島津）⇒　タンパク質に添加するコバルト化合物の濃度を間違えて添加

間違え（計画と異なる）での現象もトコトンまで追求する

　表現に難点があるかもしれませんが，実験で考えられていた理論に合わないとき，これを間違いとしてしまいます．しかし，この現象をどこまでも追求する時に（もしかしたら）全く新しい理論が生まれることがあります．

　アスパルテームも本来のホルモン合成から新しい甘味料が発見されたのです．

# 第4章　原価計算と製造設備設計の実際

**事例③　グルタミン酸ナトリウムの製造技術を引き継ぎ，アミノ酸時代の基礎を築いた「酸分解アミノ酸液」**

> ★本章から学ぶこと
>
> 　第3章では商品開発の事例として，うま味調味料「グルタミン酸ナトリウム」の開発と事業化の説明をいたしました．初期の製造方法はタンパク質の塩酸分解法ですが，この技術は現在でも「アミノ酸液」として70年の歴史をもった立派な商品として存在しております．
>
> 　現在は飲料や健康食品として「アミノ酸の時代」となりましたが，酸分解の技術はグルタミン酸ナトリウムの製造以外に現在のバリン，ロイシン，イソロイシンの分岐アミノ酸，また現在では発酵法で大量に生産されているリジン，アルギニン，ヒスチジンも最初はアミノ酸液を原料として分画製造されました．このアミノ酸液の製造を実例として製造，工場建設，原価計算を行ってみました．
>
> 　商品開発は技術的な面が強調されますがこれと並行して設備，価格面の検討も必要なのです．
>
> **優れた商品開発者とは技術面とともに経済的評価も同時に進める研究者です．**
>
> 　これまでは商品開発での価格面の検討は表面に出しませんでしたが，この章では商品価格の設定に焦点を合わせて説明いたします．

　第3章のスライド3-8とスライド3-9をもう一度見てください．酸分解法によるグルタミン酸ナトリウムの製造原理と酸分解法によるグルタミン酸ナトリウムの製造方法の概要です．

　説明の流れからグルタミン酸ナトリウムを基準として第4章の商品価格設定の説明をしていきたいのですが，現在では，酸分解法によるグルタミン酸ナトリウムは日本でも世界中でも生産されておりません．これからの説明は現在でも製造されている関連の調味液のアミノ酸液調味料で行い，少しでも身近な感覚で理解していただくことにしました．

　塩酸分解法で製造されたグルタミン酸ナトリウムは今から約30年前に微生物による発酵法に転換されました．

　しかし，この酸分解法の基本は現在でも調味料の製造に使用されており，この方法で

作られた調味料は現在でも立派に皆さんの食生活に活躍しております．

これからはこの塩酸分解法により製造された調味料「アミノ酸液」を例にとり解説していきますので，この「アミノ酸液」について説明いたします．

スライド４－１　池田菊苗博士の特許

**池田菊苗博士の特許**

### 特許の請求項はつぎの２項目

① 昆布のうま味はグルタミン酸ナトリウムである

② グルタミン酸ナトリウムの製造方法は昆布などの天然物から抽出する方法もあるが小麦グルテンなどのグルタミン酸を多く含むタンパク質を酸で分解して製造することができる
このタンパク質の塩酸分解した分解液もうま味をもっている

スライド４－２　タンパク質からアミノ酸の製造（スライド３－８と同じです）

**製造方法（概要）**

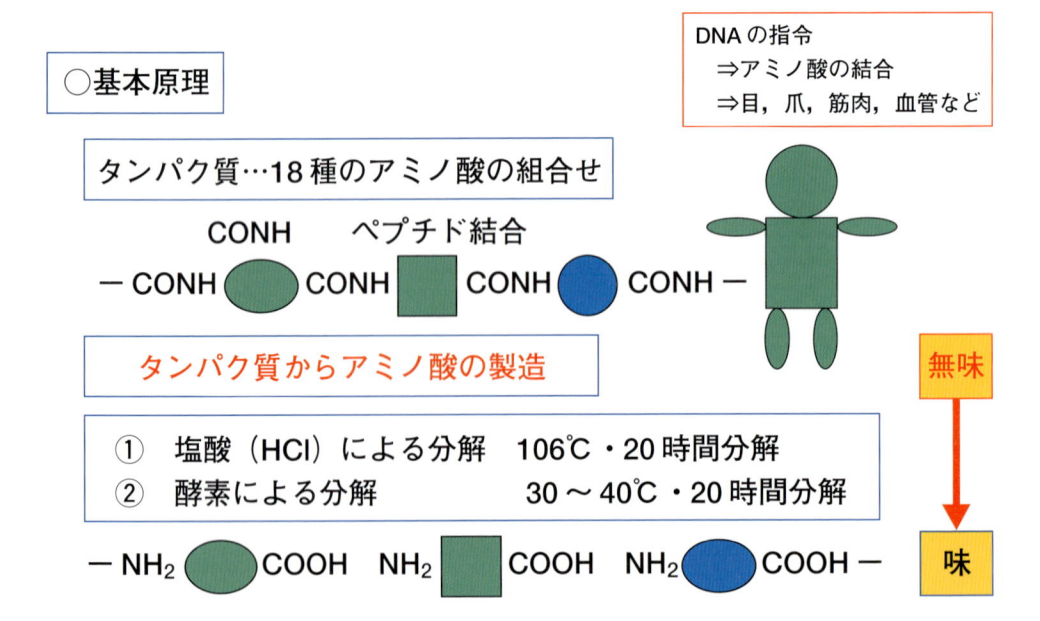

○基本原理

DNAの指令
　⇒アミノ酸の結合
　⇒目，爪，筋肉，血管など

タンパク質…18種のアミノ酸の組合せ

CONH　ペプチド結合
－ CONH ○ CONH □ CONH ● CONH －

タンパク質からアミノ酸の製造

① 塩酸（HCl）による分解　　106℃・20時間分解
② 酵素による分解　　　　　　30～40℃・20時間分解

－ $NH_2$ ○ COOH $NH_2$ □ COOH $NH_2$ ● COOH －

無味 → 味

第３章で池田菊苗博士が昆布のうま味成分がグルタミン酸ナトリウムであることを発見し，この特許を取得したと申しあげました．

この特許は「① うま味の素はグルタミン酸ナトリウムであること．② グルタミン酸をたくさん含有している小麦グルテンなどのタンパク質の酸分解物もうま味をもってい

る」の2項目から構成されています．

　グルタミン酸ナトリウムの製造をスライド3－9に示しましたが，グルタミン酸ナトリウムはグルタミン酸塩酸塩の形で結晶化され，このグルタミン酸塩酸塩を中和して製造されます．

　このグルタミン酸塩酸塩をとった残りの液（晶析母液(ぼえき)）にはとりきれなかったグルタミン酸塩酸塩とともにタンパク質を構成するたくさんのアミノ酸が含まれており，このアミノ酸はそれぞれ甘味や苦味があり，このアミノ酸類も濃厚な味をもっております．

　この母液を中和した液はうま味をもった濃厚な調味液として利用されました．

　この液は一般名で「アミノ酸液」とよばれ，醤油の原料として使用されております．

　アミノ酸液は醤油原料として醤油のJAS（日本農林規格）でも認められております．

　醤油は，現在日本では年間約120万kL消費されております．日本の人口は1億2000万人ですから，平均すると私たちは一人当たり年間10リッターを消費していることになります．

　現在は塩酸分解法でのグルタミン酸ナトリウムは製造されておりませんので，小麦グルテンや脱脂大豆を塩酸で分解して以前のようにグルタミン酸をとることなく全部アミノ酸液となります．現在では，この製造は以前酸分解法によるグルタミン酸ナトリウムを製造していたメーカーが塩酸分解法の技術と設備を使用して年間約10万kL製造しています．

　アミノ酸液の窒素濃度は醤油の2倍ありますので，醤油に換算すると醤油生産量の約20％を占めることになります．

　アミノ酸液は各製造メーカーごとに使用原料や製品も独特で，グルタミン酸ナトリウムの製造では最大のメーカーである「味の素㈱」はこのアミノ酸液を「味液(みえき)」と商品名をつけております．

　ここでアミノ酸液の全般について紹介しておきます．アミノ酸液の定義は「タンパク質を塩酸で加水分解して製造された調味料」で植物タンパク質の分解調味料（HVP）（Hydrolyzed Vegetable Proteinの略）と動物タンパク質の分解調味料（HAP）（Hydrolyzed Animal Proteinの略）に大別されます．原料の植物タンパク質と動物タンパク質は構成するアミノ酸の組成が異なるので味と香りも異なります．また植物タンパク質でも原料の植物が異なるとアミノ酸組成が違い，自ずからアミノ酸液の味，風味，色度なども異なります．

　また，アミノ酸液には色度が濃い「濃口(こいくち)タイプ」と淡色の「淡口(うすくち)タイプ」に大別されます．用途によって異なりますが「濃口アミノ酸液」は主として醤油用に，「淡口アミノ酸液」は加工調味料関連と淡口醤油に使用されます．「淡口アミノ酸液」は「濃口ア

スライド4－3　アミノ酸液の利用

## 「アミノ酸液」の利用について

日本の醤油

年間120万kL……人口1億2000万人
（最近100万kL）

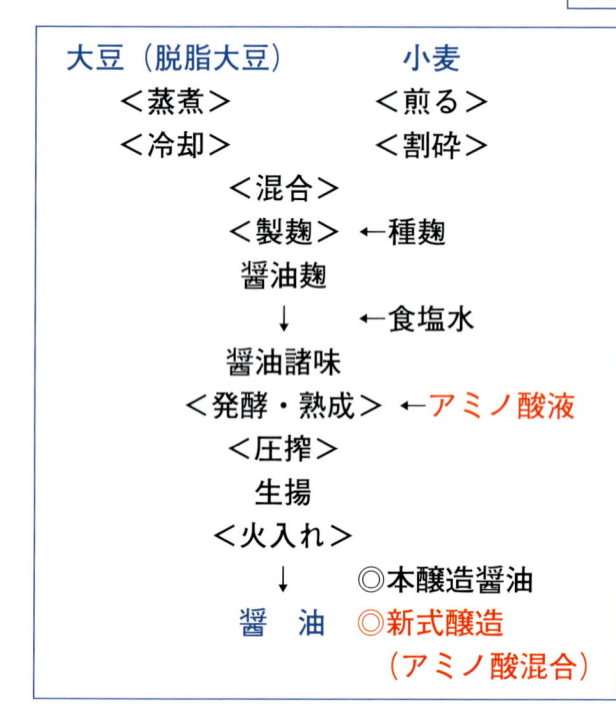

```
大豆（脱脂大豆）     小麦
   <蒸煮>         <煎る>
   <冷却>         <割砕>
         <混合>
         <製麹> ←種麹
         醤油麹
           ↓   ←食塩水
         醤油諸味
       <発酵・熟成> ←アミノ酸液
         <圧搾>
          生揚
         <火入れ>
           ↓      ◎本醸造醤油
         醤　油   ◎新式醸造
                  （アミノ酸混合）
```

本醸造醤油
60％大都市
香り風味
新式醸造
40％九州・東北
　　　北陸
うま味

ミノ酸液」を活性炭などで脱色（色を抜くこと）して製造されます．

　ここでアミノ酸液の調味料としての位置づけについて説明いたします．

　調味料はその素材の製造方法を大別して，分解型，抽出型および天然の3つに大別されます．分解型素材はこの分解方法として加水分解型と自己消化型に分類されます．

　醤油には動物性アミノ酸液の使用は原則許されておりませんので植物タンパク質の加水分解物（HVP）が主流となっております．

　アミノ酸液の利用はスライド4－3に，製造法はスライド4－4に示しました．通常は脱脂大豆を主としてグルテンミール（トウモロコシからデンプンのコーンスターチを抽出する過程で製造されるトウモロコシタンパク質，コーングルテンミールともいわれている）や小麦グルテンなどで製造されます．使用する植物原料タンパク質によってアミノ酸組成が異なります．ここでは脱脂大豆を原料として製造されたアミノ酸液のアミノ酸組成をスライド4－6に示しました．

　参考として醸造醤油（本醸造）のアミノ酸組成についても併記しました．

　アミノ酸液はメーカーと品種で窒素濃度が異なりますが，通常の濃口「味液」はT－

スライド4－4　アミノ酸液の製造

### アミノ酸液の製造

アミノ酸液

定義－タンパク質を塩酸で加水分解して製造される調味料

植物タンパク質……脱脂大豆，小麦グルテン，コーングルテンなど
　　　　　　　HVP（Hydrolyzed Vegetable Protein）
動物タンパク質……ゼラチン，カゼインなど
　　　　　　　HAP（Hydrolyzed Animal Protein）

生産量と主用途
　　年間10万kL（T－N3％）……醤油換算　20万kL
◎濃口タイプ……醤油，加工調味料（焼肉のタレ）など
◎淡口タイプ……加工調味料，醤油など
◎粉末タイプ……ラーメン，カレーなど

スライド4－5　アミノ酸液の調味料としての位置づけ

### アミノ酸液の調味料としての位置づけ

- 分解型素材
  - 加水分解型原料
    - 植物性タンパク質加水分解物（HVP）
    - 動物性タンパク質加水分解物（HAP）
  - 自己消化型原料
    - 酵母エキス
- 抽出型素材
  - 熱水（油脂）抽出など
    - 酵母 — 酵母エキス
    - 畜肉 — 畜肉エキス（ビーフ，ポーク，チキン）
    - 魚介 — 魚介エキス（魚肉，貝類，甲殻類）
- 天然素材
  - 節，昆布，畜肉など

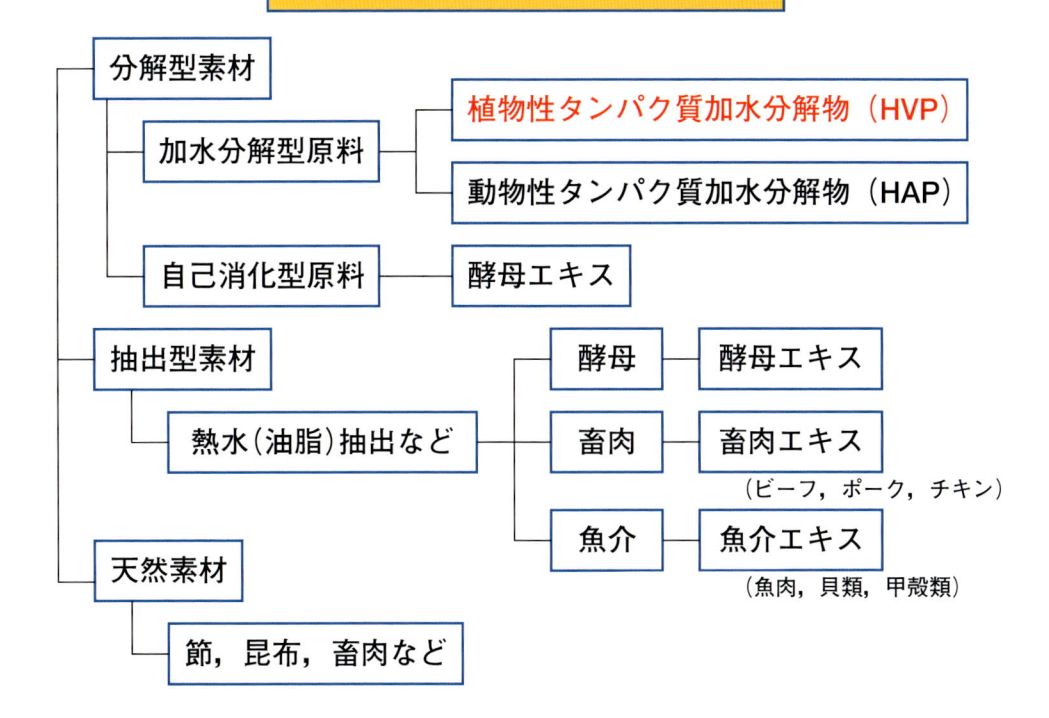

スライド4-6　アミノ酸液のアミノ酸分析値

## アミノ酸液の分析値

| 一般分析値 | 濃口「味液」 | 醸造醤油 |
|---|---|---|
| pH | 5.1 | 4.8 |
| T-N (g/dL) | 3.0 | 1.57 |
| 食塩 (g/dL) | 20 | 18 |
| アミノ酸組成 (mg/N) | | |
| リジン | 432 | 280 |
| ヒスチジン | 184 | 70 |
| アルギニン | 380 | 159 |
| アスパラギン酸 | 782 | 236 |
| スレオニン | 259 | 178 |
| セリン | 342 | 255 |
| グルタミン酸 | 1,219 | 752 |
| プロリン | 335 | 96 |
| グリシン | 286 | 147 |
| アラニン | 307 | 369 |
| シスチン | 0 | 0 |
| バリン | 269 | 287 |
| メチオニン | 33 | 96 |
| イソロイシン | 184 | 236 |
| ロイシン | 244 | 363 |
| チロシン | 67 | 51 |
| フェニルアラニン | 284 | 178 |
| 合計 | 5,605 | 3,753 |

うま味アミノ酸
甘味アミノ酸
苦味アミノ酸

Nが3.0 g/dLあります．通常の醤油はT－Nが1.56以上あります．アミノ酸の測定結果はアミノ酸自動分析器による測定で遊離アミノ酸量を表しています．ここでは比較のために濃口「味液」と醤油ともに窒素1.0 g当たりに換算してありますので数値を直接比較してください．アミノ酸液は醤油に比較してアミノ酸量が多く，とくにうま味と甘味をもつアミノ酸が多いことがわかります．これが新式醤油が美味しいと評価されている大きな理由です．

【アミノ酸液の香気成分】

　醸造醤油は原料にタンパク質原料である大豆や脱脂大豆と炭水化物原料の小麦を当重量混合して製麴して製造されます．もろ味段階では酵母による炭水化物のアルコールは一部香気成分にかわりますので発酵香が賦香されます．しかしアミノ酸液は，原料はタンパク質原料のみ使用し，微生物の関与もありませんので醤油のような醸造香はもっていません．

　このスライド4-7が示すようにアミノ酸液のもつ独特の香りはアミノ酸の一種のメチオニンが分解されて生成されます．これはMMSCLと略称されます．硫黄分子をも

スライド4-7　アミノ酸の香気成分

### アミノ酸液の香気成分

タンパク質に含まれるメチオニンが分解する時に生成

メチオニン ⇒ 塩酸分解 ⇒ メチルメチオニンスルフニルクロライド
（略称　MMSCL）

$$\begin{matrix}CH_3\\CH_3\end{matrix}\Big\rangle S^+ - CH_2 - CH_2 - CH - COOH \quad Cl^-$$

↓ 中性ないしアルカリ性で加熱

$$\begin{matrix}CH_3\\CH_3\end{matrix}\Big\rangle S + HOCH_2 - CH_2 - CH - COOH + NaCl$$

ジメチルサルファイド　ホモセリン

↳ ＜濃縮＞ → 除去 → **精製アミノ酸液**

つ化合物です．

　ビタミンU（キャベツに多く含まれている）です．海苔香に似ており独特の香りです．

　このMMSCLは中性ないしアルカリ性で加熱するとジメチルサルファイドになり，濃縮で簡単に除去されます．最近はMCP除去の必要からアミノ酸液製造工程で強アルカリ（pHが8.0～8.5で80℃以上加熱処理するのでMMSCLはほとんど分解されてしまいます．このため，以前のように通常「アミノ酸臭」，「分解臭」といわれる香りはありません．

　改善改良されましたがこのMMSCL臭を好む海苔の佃煮には不満があるようです．

　アミノ酸液の色はスライド4-8に示しましたが，製造工程でアミノ酸と糖が反応するメイラード反応で生成します．

　メイラード反応はアミノカルボニル反応とよばれており，焼肉や調理で出る香ばしい臭いです．

　着色剤として使用されるカラメルもこの原理で作られます．

　アミノ酸液はそのままではかなり黒い液です．濃口醤油より薄いですが，淡口醤油や色の淡い食品の原料には脱色して色を薄くすることが必要です．

　食品の色は前項のアミノ酸と糖が反応し，これが重合して分子量が大きくなったものなので通常は活性炭とよばれる「炭」（スミ）を使い脱色します（スライド4-9）．活

スライド 4－8　アミノ酸液の色

**アミノ酸の色**

食品加工時の色

食品の加工時の着色
糖分（グルコース）＋アミノ酸 ⇒＜加熱＞ ⇒ 高分子
　　　　　　　　　　　　メイラード反応　メラノイジン

アミノカルボニル反応（aminocarbonyl reaction）
メイラード反応（Maillard reaction）
グルコース＋アミノ酸 ⇒ グルコシルアミン⇒レダクトン
　⇒ フルフラール ⇒ メラノイジン

○調理の色，香り ⇒ メイラード反応（調理・焼肉など）
○糖とアミノ酸の種類 ⇒ 香成分（バターボール，肉臭など）
　　　　　　　　　　⇒ カラメル

スライド 4－9　アミノ酸液の脱色

**アミノ酸の脱色**

調理加工の色と香り ⇒ 良い場合（焼肉，ロースト，カラメルなど）
　　　　　　　　　　品質劣化（清酒，褐変，焦げなど）
　　　　　　　　　　色が濃いと使いにくい（淡口食品）

脱　色　（脱臭もできる）

○吸着法（高分子メラノイジンと中間体の除去）
　　⇒ 活性炭（清酒など）
　　⇒ 脱色樹脂（醤油など）
○膜脱色法（膜で高分子の通過を阻止）
　　⇒ ブドー酒（ロゼワイン）
　　⇒ アミノ酸液，醤油など

性炭は木や竹を蒸し焼きにして製造されます．この活性炭には無数のミクロの孔があいており，この孔に色素分子が吸着されて脱色されます．（なお，この活性炭のミクロの

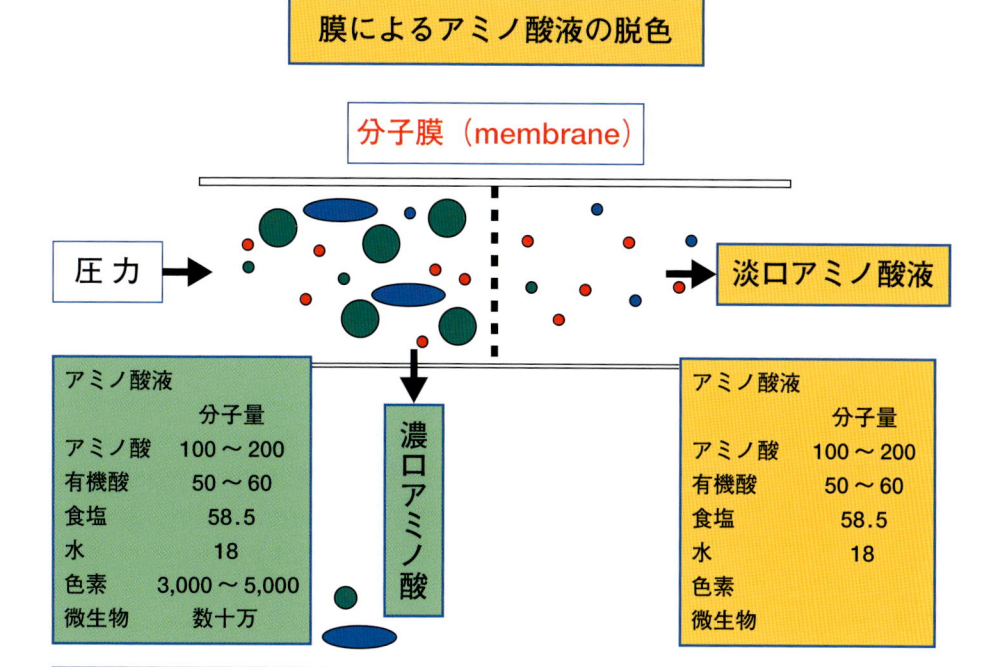

## スライド4－10　膜によるアミノ酸液の脱色

**膜によるアミノ酸液の脱色**

分子膜（membrane）

圧力 → → 淡口アミノ酸液

↓ 濃口アミノ酸

| アミノ酸液 | 分子量 |
|---|---|
| アミノ酸 | 100～200 |
| 有機酸 | 50～60 |
| 食塩 | 58.5 |
| 水 | 18 |
| 色素 | 3,000～5,000 |
| 微生物 | 数十万 |

| アミノ酸液 | 分子量 |
|---|---|
| アミノ酸 | 100～200 |
| 有機酸 | 50～60 |
| 食塩 | 58.5 |
| 水 | 18 |
| 色素 | |
| 微生物 | |

参考　膜　海水の淡水化，血液透析などに利用

孔は同時に香り成分も吸着されますので醤油脱色に活性炭を使うと脱色ともに香りもとれてしまいます.）

アミノ酸液の色素は分子量が約3,000～5,000ですので膜を通すことにより色素の通過ができなくなります．呈味成分のアミノ酸類は分子量が100～300くらいなので膜を通過します．このような脱色を膜脱色といいます．この利点は　① 微生物やごみも同時に除去されます．② 膜の孔径を選ぶことで活性炭より脱色率がよい．③ 膜は洗浄で何回でも使用できます．（活性炭の再生は専用の炉で高温で焼く）④ 価格は安価，⑤ 膜脱色は品質がよい．（活性炭は活性炭臭の付着もあります）

この膜の利用はスライド4－10に示すように膜を透過して脱色された液を使用して淡口アミノ酸液を製造し，膜の非透過部分は濃口アミノ酸液の製造に利用します．膜は孔の大きさを選ぶことで透過する分子量の大きさを調整することができます．淡口アミノ酸液をさらに分子量の小さい膜を通過させることでさらに色の薄い（淡口「味液」の四分の一）汎用調味液「味蔵」（味の素㈱登録商標）をつくりました．アミノ酸液の製造メーカー三陽商事㈱ではさらに孔の小さい膜を使い，従来加熱で殺菌していたアミノ酸液の除菌を行っております．

これから，アミノ酸液を例にして調味料の製造の基本プロセスについて説明していき

## スライド4－11　調味料の製造の基本プロセス（経路）

**アミノ酸液の製造**

**調味料の製造**

```
企画会議 …… 基本構想設定（他社調査）
              プロトタイプ設定
              試作⇒テスト評価⇒良好
              評価調査⇒デザイン
                  ↓
製品化 ……… ①製造量決定
              ②製造場所設定
     製造  ③基本設定
              ①フローシート
              ② SFD
              ③ MFD
              ④変動費試算
              ⑤固定費試算
              ⑥限界利益設定
```

ます．（スライド4－11）

　前半の企画会議の項目については説明の都合により第5章で解説します．

　目的の製品化が決定されると製造量，製造場所を設定します．

　ここで大きな項目は製造基本の設定です．

　この項目は調味料の製造の基本となる項目で，正確に記載する必要があります．とくにフローシートが全ての製造を決める項目であり，できるだけ実験に基づいたデータを使用します．このフローシートに従って②SFD，③MFD，④変動費，⑤固定費，⑥限界利益とほぼ自動的に設定されていきます．

　フローシート（Flow sheet）は英訳辞書には生産工程順序一覧表と訳されています．スライド4－12のフローシートは別名で物質バランス（Material balance），通称マテバラといわれるように，原料から製品までの各製造工程と重量の変化を記述したもので，重量や容量の変化は基より，副原料，反応条件，必要エネルギー，廃棄物など全てを記入します．ここに示したのは，脱脂大豆を塩酸で分解して濃口アミノ酸液を作るフローシートです．

　このフローシートは，要約すると脱脂大豆を原料に，塩酸で加水分解してアミノ酸液

スライド4－12　フローシート作成

```
①フローシート作成
フローシート（物質の流れ・バランスを記入……全ての基本となる）
記入……原料～製品までの副原料，エネルギー，廃棄物など）
```

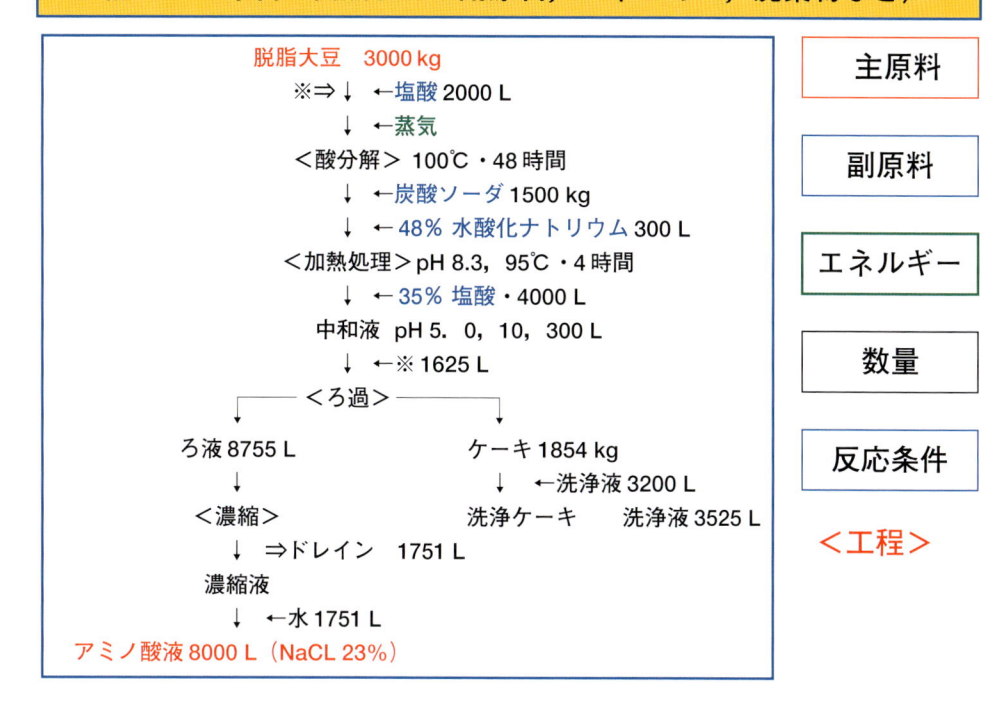

脱脂大豆　3000 kg
　　　　　※⇒↓　←塩酸 2000 L
　　　　　　　↓　←蒸気
　　　　＜酸分解＞ 100℃・48 時間
　　　　　　　↓　←炭酸ソーダ 1500 kg
　　　　　　　↓　←48% 水酸化ナトリウム 300 L
　　　　＜加熱処理＞pH 8.3，95℃・4 時間
　　　　　　　↓　←35% 塩酸・4000 L
　　　　中和液　pH 5.0，10，300 L
　　　　　　　↓　←※ 1625 L
　　　　　―＜ろ過＞―
　　　　↓　　　　　　　↓
ろ液 8755 L　　　　ケーキ 1854 kg
　　↓　　　　　　　　↓　←洗浄液 3200 L
＜濃縮＞　　　　洗浄ケーキ　洗浄液 3525 L
　　↓　⇒ドレイン　1751 L
濃縮液
　　↓　←水 1751 L
アミノ酸液 8000 L（NaCL 23%）

主原料
副原料
エネルギー
数量
反応条件
＜工程＞

を製造する方法を数値で表したものです．

専門用語があるので簡単に解説します．

- 脱脂大豆…大豆から大豆油を抽出した残り．タンパク質に富み，大豆タンパク質の原料や高タンパク質飼料となります．
- 加水分解…塩酸と蒸気の熱で加温して大豆タンパク質を分解してアミノ酸にします．
- 加熱処理…塩酸分解時に，微量に存在する油分が塩酸で分解して副生する塩素化合物（MCP）をアルカリ性にして除去する工程です．
- 中和…分解に使用した塩酸をカセイソーダ（水酸化ナトリウム）と炭酸ソーダ（炭酸ナトリウム）で中和します．
- ろ過…分解中和液から不溶性固形物を分離する．脱脂大豆に含まれる皮，繊維，糖分などは塩酸分解で炭素（炭）になってしまう．塩酸分解法ではヒューマス（Humas）とよんでいます．土壌改良剤として肥料になります．
- ケーキ…固形物（ここではヒューマスを指します）

◎ T-Nについて説明します.

タンパク質やアミノ酸などは分子構造に窒素(N)を含んでおり,この値はアミノ酸に固有の値をもっています.このように原料やアミノ酸液の全窒素(T-N)を測定することでタンパク質やアミノ酸の含有量を示します.

脱脂大豆のT-Nは7.8%ですからタンパク質換算係数6.25を掛けるとタンパク質含有量は48.75%となります.

醤油もアミノ酸がたくさん含まれていてこのアミノ酸の含有量が品質と価格を決めています.アミノ酸液のT-Nが2.4 g/dLですから6.25を掛けて15 g/dLとなります.醤油はT-Nが最高で1.56 g/dLです.

**スライド4-13　アミノ酸製造のSFD(部分)**

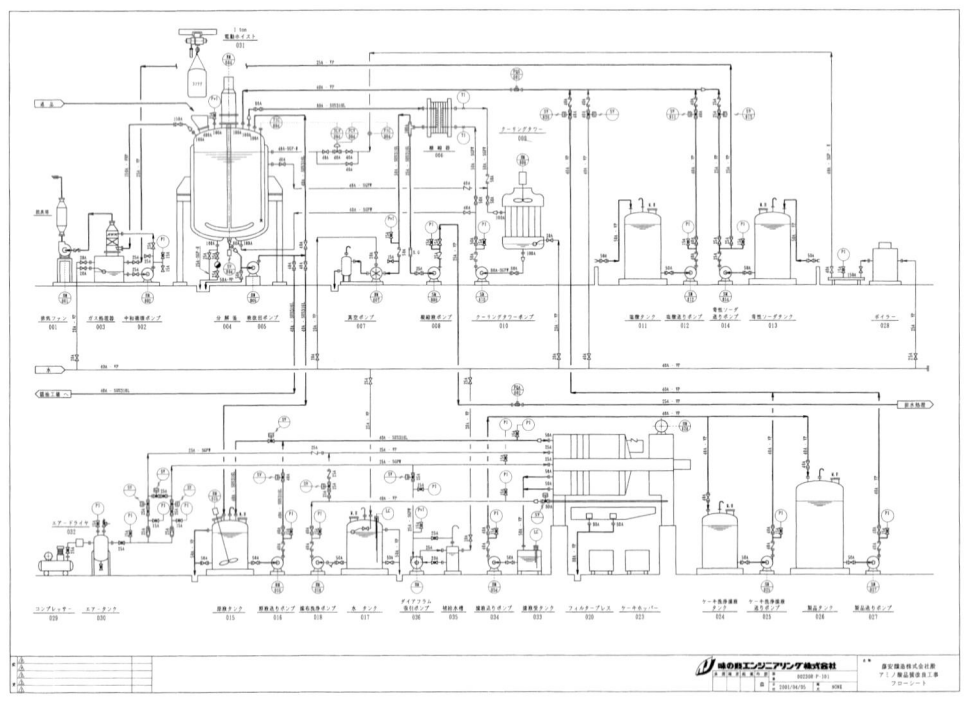

このフローシートを基準に生産に必要な設備を設計します.

この基本設計図をSFDとよびます.スライド4-13に示したようにSFDはSimplified Flow Diagram(単純化した流れ図)の略です.

この図表からアミノ酸液の製造に必要な設備の概要がわかります.

とくに,タンクや容器類の大きさ,液を輸送するポンプの大きさやその他の付属品がわかります.

このSFDを基準に個々の設備設計にかかります.設備には設備製造に必要な全ての項目が記入されます.金属の材質,厚さ,耐圧性から付属品の機種,大きさなど全てが

● Photo-2

## アミノ酸液製造装置・概要

**30kL アミノ酸分解装置**
（岡山・三陽商事(株)提供）

冷却装置

調製装置

30kL大型分解缶

分解缶上部

**全自動アミノ酸液製造設備**
（鹿児島・藤安醸造(株)提供）

新式醸造醤油

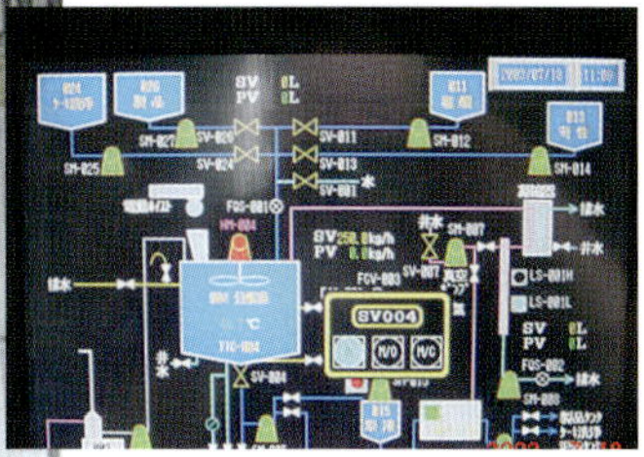

計装制御盤

工場全景

10kL 分解缶

全自動ろ過機

記入されています．MFD（Modified Flow Diagram）とよびます．

またSFDとMFDから土台や建物の設計データ（重さや大きさなど）がえられます．

このフローシートと設備のSFDは平成14年（2002年）に九州鹿児島県の藤安醸造㈱に設置したアミノ酸の製造設備です．また，三陽商事㈱では30 kLの大型の分解缶を設置しております．

【変動費試算】

工場などで製品を生産する場合は製造の原価を計算することが必要です．製造原価は事業化のための大切な基礎資料であり，この原価から人件費や研究開発費などが算出されて利益が設定されます．

製造原価は変動費と固定費が基盤となります．変動費は主原料費とエネルギー費に分けられます．

アミノ酸液の変動費の計算はあまり一般的ではないので，皆さんにもっと身近な調味料として淡口アミノ酸液を使用した醤油（新式醤油）を使って造った「味付け調味料」についての変動費を試算してみましょう．

スライド4-14　変動費試算（味付け調味料）

## 食品製造の基本（味付け調味料）

### ①フローシート（物質バランス）（Material Balance）マテバラ

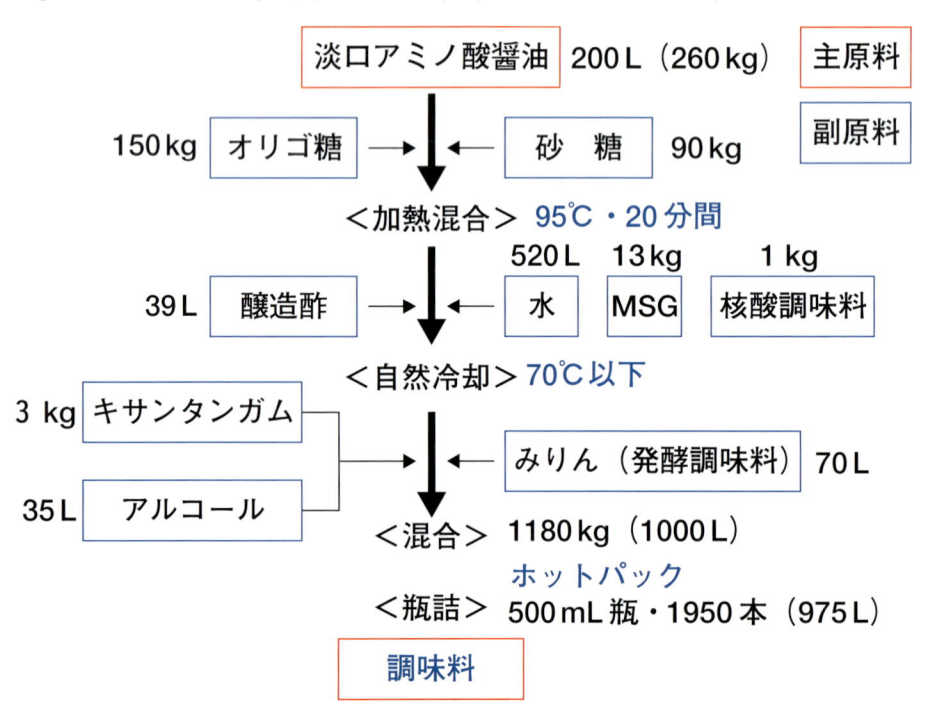

主原料：淡口アミノ酸醤油 200 L（260 kg）

副原料：
- オリゴ糖 150 kg
- 砂糖 90 kg

＜加熱混合＞ 95℃・20分間

- 醸造酢 39 L
- 水 520 L
- MSG 13 kg
- 核酸調味料 1 kg

＜自然冷却＞ 70℃以下

- キサンタンガム 3 kg
- アルコール 35 L
- みりん（発酵調味料）70 L

＜混合＞ 1180 kg（1000 L）

ホットパック

＜瓶詰＞ 500 mL瓶・1950本（975 L）

調味料

この製造のフローシートはスライド4-14に示しました．

原理は糖原料としてオリゴ糖，砂糖を使い甘さをソフトにし，核酸とMSG（グルタミン酸ナトリウム）のうま味調味料を使い，みりんで味をまとめて，最後にキサンタンガムで適度な粘度を付けます．保存性を高めるためにアルコールを加えます．

変動費の計算方法はフローシートが完全であれば自動的に算出できますのでぜひこの方法を覚えてください．

まず，スライド4-14のフローシートから原料，使用副原料，製品の出来高を書き出して項目と使用量を記入します．この時に単位も必ず記入します．（この価格の単位が違うと数値の桁が違ってしまうので）ここで，原単位を計算します．原単位とは製品を1単位作るのに使用する原料，副原料の使用量です．ですから製品の原単位は必ず1.0となります．通常は単位との関連もありますが原材料の値は1.0以下になります．

スライド4-15　変動費の計算

## ②変動費の計算

| 項　目 | 使用量 | 単　位 | 価格（¥） | 原単位 | コスト | ％ |
|---|---|---|---|---|---|---|
| 淡口醤油 | 200 | L | 400 | 0.205 | 82.0 | 51.3 |
| 砂　糖 | 90 | kg | 90 | 0.092 | 8.3 | 5.2 |
| 液　糖 | 150 | kg | 85 | 0.154 | 13.1 | 8.1 |
| 発酵調味料 | 70 | L | 250 | 0.072 | 17.9 | 11.2 |
| MSG | 13 | kg | 600 | 0.013 | 8.0 | 5.0 |
| 核酸調味料 | 1 | kg | 6,000 | 0.001 | 6.1 | 3.8 |
| 醸造酢 | 39 | L | 150 | 0.04 | 6.0 | 3.8 |
| 水 | 520 | L | 0.3 | 0.533 | 0.2 | 0.2 |
| キサンタンガム | 3 | kg | 3,000 | 0.003 | 9.2 | 5.8 |
| アルコール | 35 | L | 250 | 0.036 | 9.0 | 5.6 |
| 製　品 | 975 | L |  | 1.00 | 159.8 | 100 |

**原料価格は推定値で正確ではありません，従ってコストも参考値です**

コストは原料，副原料の価格を掛けて全項目を加算すればこの製品の原価が計算されます．
（この表の作成はエクセルで組めば電卓や筆記計算をせずに自動的に原価が計算されます）

なお，最後に％を必ず計算して100％（四捨五入で）になることを確認してください．

スライド4-14の「味付け用調味料」の製造には多くの設備が必要です．一般に「アミノ酸液」のような食品素材の製造に比較すれば大規模ではないがそれでも多くの設備が必要です．前出のスライド4-13はアミノ酸液の新規設備ですが，実際に事業

スライド4-16　変動費計算の記入方法

**記入の要領**

```
①項目      一般名称・慣用名・仕入れ名称
           表示は使用量が大きいものから列挙
           （表示名称は法律に遵守）
②単位      重量　　容量
           製品の販売単位で決定
③価格      単価が高くても必ずしもコストに反映しない
④原単位    最も重要な数値
           ③との関連
⑤コスト    数値が大きいほど影響大
⑥比率      コストダウンの指標
```

スライド4-17　製造に必要な設備

**食品製造に必要な設備**

例　味付け用調味料の製造

```
直接生産設備              間接生産設備
   蒸気加熱式2重釜           原料倉庫
   攪拌機                   原料コンテナー
   温水槽                環境関連
   秤量機・温度計            排水処理設備
エネルギー関連              焼却設備
   蒸気発生ボイラー          生ゴミコンテナー
   電気変圧器
   冷凍機
製品・包装                検査研究
   液送ポンプ               菌検査設備一式
   充填機                  （恒温槽，滅菌機など）
   包装機                   分析設備
   コンテナー
貯蔵                     建屋
   大型冷蔵庫               倉庫
   冷凍庫                   工場
   貯蔵庫                   休憩室・更衣室・便所
輸送                        事務室
   ホークリフト              事務関連設備
   冷凍車                   （机・電話・マイコンなど）
```

を遂行するのには必要な設備費用も多大であります．

　通常はこの1品種のみの製造より，関連した設備で製造可能な関連商品を同一設備で生産して設備稼働率を増加して固定費負担の軽減をはかります．

　この設備の投資額とこの投資額がどの程度製品に負担されるかを計算するのが固定費

スライド4－18　固定費の記入方法

**固定費の算出**

**固定費**
設備償却費…投資した器機，設備，建屋などの償却税法で各項目の償却期間が設定されている
金利，保険…投資額や借入先で異なる

**その他**
○人件費……年間にかかった額全額計上
○研究開発費……税制の特例があることがある

**簡易計算法**

| | | |
|---|---|---|
| 償却費（概算） | 総投資額×0.15 | ＝ A |
| その他（金利等） | 総投資額×0.10 | ＝ B |
| 人件費 | 平均賃金×人数 | ＝ C |

**固定費（概算）＝（A＋B＋C）÷生産量**

の算出です．

　新規の商品にはこの製品を作るための設備や要因が必要であり，この費用がどのくらいかかるかは製品のコスト設定に大きな影響が出ます．

　また，食品の製造は原材料費に目を向けがちで設備，人件費などがおろそかになりますので固定費もキッチリと計算してください．

　固定費の計算スライド4－18に記載したがこの項目は税法上の制約が多く一定額での計算はできないことが多いのです．また設備償却方法も定率法と定額法があり初期の償却費が異なります．

【設備償却費の算出】
つぎの項目に注意して調べるか税理士に相談してください．

① 一般に直接の生産設備は法定償却年数は7年，建築物は35年が通常です．
　　また，その他の諸設備もそれぞれの法定償却年数が決まっております．
② 固定費として資産に繰り入れられる購入価格の下限もありますが年度により10万円の時と20万円の時があります．また価格にかかわらず一括償却可能の時もあります．（マイコンなどのIT関連は特例措置があることが多い）
③ 残簿価は税法上法定償却年数が終わっても取得価格の5％の簿価を残す必要があります．
④ 償却方法は定額償却法と定率償却法があります．

定額法は初年度から一定で償却費は15％，定率法は初年度約25％で次年度以降漸減します．（7年後はどの方法も同じになります）

このように，設備の償却は異なっておりますが，概略の固定費を計算する方法があります．

この方法は，

① 機械，建屋その他一切の設備投資額を7年定額で償却すると仮定して，償却費を算定します．

② その他の償却費用を全投資額の10％として計算します．

この方法は，建屋などは機械に比べ償却年数が長いということもありますので幾分高めの固定費となります．

スライド4－19　製品の価格構成

**製品の価格構成**

原料原価（製品を製造する為の最低価格）

| | | | |
|---|---|---|---|
| 調味料原価 | （¥・500mL） | | |
| 変動費 | 主原料費 | 159.8 | （主原料，副原料費） |
| (v) | エネルギー費 | 10.0 | （蒸気・水・電気・空気） |
| | 包材費 | 15.0 | （瓶，ラベル，ダンボール） |
| 人件費 | | 20.0 | （直接，間接） |
| | 研究開発費 | 10.0 | （研究費） |
| 固定費 | 設備償却 | 10.0 | （機械，家屋の償却） |
| (F) | 税・金利 | 2.0 | （税金，金利） |
| 製造原価 | | 226.8 | |
| 販売価格 | | 400.0 | |
| | 限界利益 | 販売価格－(V＋F) | |
| | Vcost ＝ Variable　cost | | |
| | Fcost ＝ Fixed　cost | | |

製品のレシピが決定し，設備設計ができ，変動費と固定費が計算できました．

この結果をまとめるとスライド4－19になります．ここで製造原価が判明しました．ここで販売単価が決まると利益が計算できます．工場では販売価格と工場原価だけしかわかりませんのでこの差の「限界利益」が算出されます．

企業の本当の利益はこれから諸経費が差し引かれて初めて純利益となります．

この諸経費の内訳は

- 物流費（工場⇒倉庫⇒問屋⇒販売店までの費用，保険など流通全般の費用），広告費（パンフレット，TV，ラジオ，新聞など），販売費（販売要員人件費，アルバイト，マネキン販売，返品など）

　これらの費用は製品一個当たりではなく，全体での経費実績を割り返して1個の単価に加える方法と類似の商品から経験的に1個当たりの単価を決めてしまう方法など，各社各様，製品各様で一定していません．

　とくに，新規製品の場合は最初に宣伝広告費を多大に使い，まず製品のイメージ浸透をはかることが多く，初期は利益が出ないこともあります．

　この原価計算からは製品化の利益などの資料となりますが，この計算値から原価削減

スライド4-20　コストダウン・原価削減

**コスト・ダウン（Cost down）　原価削減**

| | |
|---|---|
| 変動費（V） | ①収率（歩留）向上<br>②原料購入費の低下<br>③不要・代替品の検討 |
| 固定費（F） | ①稼働率向上<br>②工程短縮<br>③収率向上 |
| 人件費 | ①自動化（器機投資との相関）<br>②生産量の増加<br>③収率向上 |

現在……海外との価格比較

Made in China　　TV・冷凍食品・蒲焼

のポイントを探し出すこともできます．

　例えば，皆さんもスライド4-20の原単位計算からおわかりと思いますが，原単位が低ければ原価は低減します．もちろん原料の購入価格を安く仕入れることも必要ですが，技術の基本としては原単位の低減です．収率を向上させれば原単位は一律に低下します．

　固定費の低減も，収率向上が有効です．同じ設備を使って1個でも多くの製品を作ることが変動費，固定費はいうに及ばず，人件費の削減にもなります．

　最近では海外，とくに人件費や建設費の安価な東南アジアでの製品が出回り，コストの競争力が激しくなっています．

# 第5章　権利確保と知的所有権

## 「特許で保護される知的所有権」

> ★本章から学ぶこと
>
> 　第1章から第3章までで食品開発の発想と実際の成功例としてグルタミン酸ナトリウム，アミノ酸甘味料アスパルテームの発見と製造について解説しました．第4章ではアミノ酸液とこれを使った調味料の製造と原価計算の基準について解説しました．
>
> 　このように素晴らしい発想と多くの人々と時間をかけて製造した新商品はそのままであれば他人に製法のノウハウ（Know-how）（知識・技術）を真似されてしまいます．
>
> 　現代ではこの開発者の苦労と工業化に要した費用などの回収，知的努力を守る法律が制定されています．
>
> 　この法律が特許法で，この守られる権利が「特許」（Patent）です．

　特許とは広辞苑に，① 特定の人のために新たに特定の権利を設定する行政行為，② ある人の考案になる工業的発明の独占的・排他的な利用をその人または継承者に与える行政行為と説明されております．

　最近，「知的所有権」といわれる言葉が新聞や電波で使われていますがスライド5－1に概要を示しました．

　この知的所有権は特許権，実用新案権，意匠権，商標権の4種があります．

　特許と実用新案は基本的には大差はありませんが，特許は発明の保護で特許としてその権利が認められるまでに審査官の審査が必要ですが，実用新案は物品の形状が主で原則として無審査です．権利の存続期間も特許は出願から20年ですが実用新案は出願から6年間です．特許は全く新しい発想，実用新案はこの実際の使用時での新しい発想と理解してもよいと思います．

　よく使われる例は（もし世の中で初めて鉛筆を考えたとしたら），鉛筆は全く新しい商品であり特許となります．この鉛筆は大変便利でしたが使用している時に，机に斜めに置いたり，机に少しの傾斜があればコロコロと回って机の下に落ちてしまいます．この改良としてある人が鉛筆を8角形にしました．これは大変に便利でした．これは実用

## スライド5－1　知的所有権と特許

**知的財産権の種類**

2004年4月現在

| 権利 | （法律） | 目的 | 保護期間 |
|---|---|---|---|
| 知的創造物についての権利（創作意欲促進） | | | |
| ★特許権 | （特許法） | 発明の保護 | 出願から20年 |
| ★実用新案権 | （実用新案法） | 物品の形状考案保護 | 出願から6年 |
| ★意匠権 | （意匠法） | 物品のデザイン保護 | 登録から15年 |
| 著作権 | （著作権法） | 著作，美術，音楽等保護 | 死後50年 |
| 回路配置利用権 | （半導体集積回路配置法） | 回路配置利用保護 | 登録から10年 |
| 品種登録 | （種苗法） | 植物品新種保護 | 登録から20年 |
| 営業秘密 | （不正競争防止法） | ノウハウ，顧客リスト保護 | |
| 営業標識についての権利（信用の維持） | | | |
| ★商標権 | （商標法） | 商標の保護 | 登録から10年（更新可） |
| 商号 | （商法） | 登録された「商号」保護 | |

★産業財産権

新案です．

　有名なもう一つの例は，ある主婦が洗濯機を使う時に，衣類に付着した毛髪や糸くずが洗濯ものに絡まることに不満を感じておりました．ある日ミカンの袋を脱水口に付けたらこの袋に毛くず，糸くずが全部とれることを発見しました．洗濯機の渦巻き流と網袋の有効利用でした．この場合，洗濯機もミカンの網袋も既存のものですが，これを利用して全く新しい利用方法として実用新案を出願し，受理，認可されました．
　（この袋は洗濯機に常用品としてセットし，この主婦は特許料をもらったそうです）
　特許は書類が整っていれば，だれでも出すこと（出願）ができます．
　しかし，これが特許として権利を認められるには審査されることが必要です．
　この出願された事実がスライド5－2に示すように●新規制，●進歩性，●実用性の3点で証明されていることです．
　この権利が特許（実用新案）として認められる（公告）と，この権利を出願から20年間独占することができます．
　他人（第3者）がこの権利を知らなくても，（知っていても無断で）使用した場合は損害賠償を請求することができます．
　もし，この特許を使用したい時には，特許所持者（社）と交渉して，特許の買取や特許料の支払いを行って権利を使うことが必要です．

スライド5-2　特許とは

**特　許**

● 新規性（過去に無い新規性…公知の事実）
● 進歩性（進歩前進していること）
● 実用性（実用的であること）

```
出　　願……書類または電子メール（受付日の早い方優先）
公　　開……1年で公開される
審　　査……特許性を審査（特許庁）
特許査定……特許料を納入して成立
特許公報……特許成立
権　　利……出願から20年間
海外特許
　国内出願から1年以内は優先権あり
```

◎ 一般に会社や組織で特許を出願しても，出願人には発明者個人の名前が登録されますが，この実施の権利と利益は会社に帰属してしまいます．

　　この実態について最近裁判などで利益の成果配分などの要求が組織の研究者から出されるようになりました．会社や組織に所属すれば，新しい開発や発明もこれら組織の器具，道具や勤務時間を使っているのだからとの考えからです．しかし新しい発想，発明はあくまでも「個人の知的権利」であるとの考え方に変わりつつあります．特許についての報酬も最大「1億円以上」の企業もあらわれました．

　特許は一定の書式で記載することが必要です．特許の文章を明細書とよんでいますが，この明細書の記載方法と内容はスライド5-3のような構成となっています．

　特許は個人および企業，組織のもつ知的所有権の最大保護手段ですが，最近の科学技術の進歩や社会の発展に対してできるだけ早くその権利の有無を知らせる必要があります．

　開発された商品が爆発的に売れ，その特許の権利が確定されるか否かは先行企業にとっても後発企業にとっても重要な問題です．また爆発的に売れた商品が特許公告になり，権利が確立した段階ではすでに衰退してしまうこともよくあることです．

　とくに，電子技術や遺伝子関連の技術は1年間で大きく進展します．

　欧州では出願した時点で公開されてしまう特許システムをとっている国もあります．わが国でもこのような状況に沿うように，最近特許に関する手続きの迅速化がはかられ

スライド5－3　特許の内容

**明細書（特許請求の範囲）の記載**

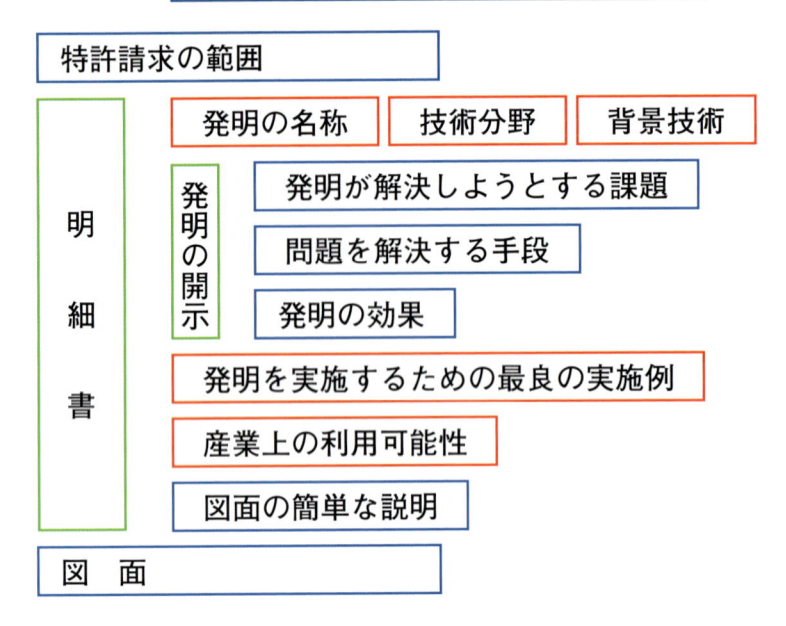

- 特許請求の範囲
- 明細書
  - 発明の名称
  - 技術分野
  - 背景技術
  - 発明の開示
    - 発明が解決しようとする課題
    - 問題を解決する手段
    - 発明の効果
  - 発明を実施するための最良の実施例
  - 産業上の利用可能性
  - 図面の簡単な説明
- 図　面

るようになりました．

　現在のわが国の「特許出願から特許化の流れ」について資料としてあげました．（技術士会報から抜粋しました）

　また実際の特許の書き方についても特許庁の資料からの抜粋を添付いたしました．

　特許の検索についてはスライド5－4に示しました．

スライド5－4　特許の検索

```
特許検索
特許庁「特許電子図書館」
    IPDL（Industrial Property Digital Library）
特許庁ホームページ
    http//www.jpo.go.jp/indexj.htm
        検索：主題調査，出願人（企業），出願番号
            技術用語（キーワード），IPC
国際特許分類（IPC）
International　Patent　Classification
```

　最近はインターネットでの特許検索，電子出願も可能となりました．出願方法はもとより，出願しようとする特許と類似の特許の検索も可能です．なお，最近特許に関する

諸規定がかなり変わりつつありますので，ホームページでの確認を行うことをお勧めいたします．

出願された特許はスライド5-5のように処理されて，特許として認められます．

最近の例では明細書の記入に際しての項目用語が「背景技術」などに変わっております．

スライド5-5　特許出願から特許化までの流れ（日本技術士会資料より）

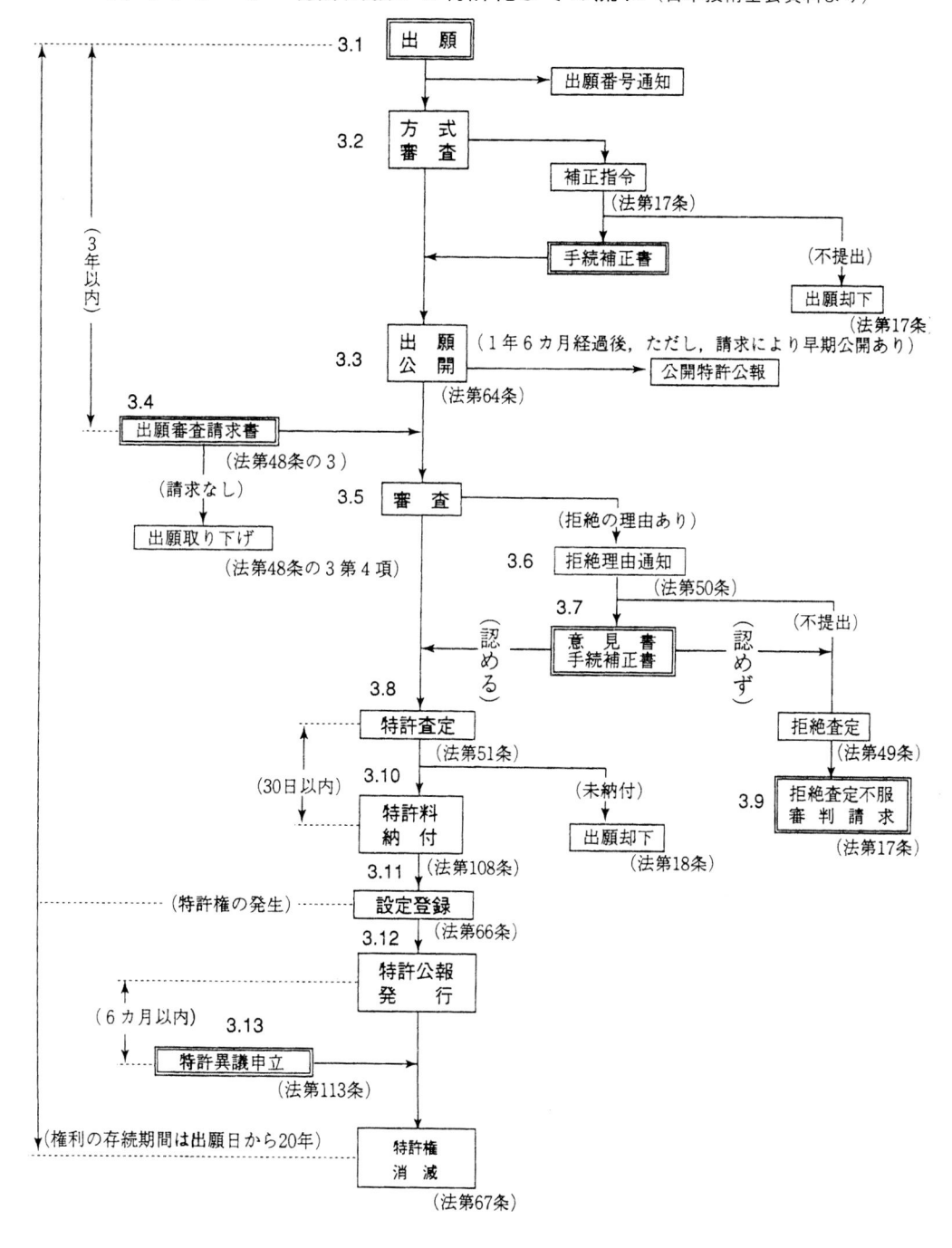

```
                        3.1  ┌─出　願─┐
                             │         │→出願番号通知
                             ↓
                        3.2  ┌─方　式─┐
                             │ 審　査 │
                             └────┬──┘
                                    │→補正指令
                                    │  (法第17条)
                                    │       │
                             ┌──手続補正書  │(不提出)
                             │                ↓
                             │             出願却下
                             ↓             (法第17条)
                        3.3  ┌─出　願─┐(1年6カ月経過後，ただし，請求により早期公開あり)
                             │ 公　開 │→公開特許公報
                             └────┬──┘(法第64条)
 3.4 出願審査請求書─────→│
     (法第48条の3)           ↓
(請求なし)              3.5  ┌─審　査─┐
     ↓                       └────┬──┘(拒絶の理由あり)
   出願取り下げ                    │
   (法第48条の3第4項)        3.6  拒絶理由通知
                                    (法第50条)
                             3.7  意見書
                       (認める)←─ 手続補正書 ─→(不提出)
                                   (認めず)↓
                        3.8  特許査定         拒絶査定
                             (法第51条)       (法第49条)
                        3.10                3.9 拒絶査定不服
       (30日以内)        特許料                  審判請求
                             納付                  (法第17条)
                        3.11 (法第108条)
                             │        (未納付)→出願却下
                                                  (法第18条)
  (特許権の発生)··········→設定登録
                        3.12 (法第66条)
                             特許公報
                             発　行
                        3.13 特許異議申立
       (6カ月以内)           (法第113条)
                             │
  (権利の存続期間は出願日から20年)
                             ↓
                             特許権
                             消　滅
                             (法第67条)
```

# 第 6 章　食品開発の組織論

## 「商品開発の組織と情報収集」

> ★本章から学ぶこと
> 　食品開発の基本発想は個人の知的能力ですが，この商品化は組織の力です．現在は情報とスピードの時代です．ここに開発の組織力が問われます．組織的開発は必要な能力と発想をもつ人の力を一つに集中するために，まず十分な情報調査を基盤に，開発の目的と目標を決定することです．

スライド 6 − 1　食品開発の開発ステージ

**新製品開発の開発ステージ**

製品開発は闇雲にやっても駄目・順序を踏んでキッチリたてる
良くある例・×隣の会社が儲けている
　　　　　　×うちの得意ではないけれど
　　＜隣の芝生は青いは失敗＞
★検討事項（キッチリと調査検討して全組織合意で）
　　　●何を目標にするか
　　　●当社の体質に合うのか
　　　●技術はあるのか．設備は十分か
　　　●販売のルートがあるか

ここでは，食品開発を「新製品開発」として説明します．

新製品開発は見方と聞き方によっては大変に「かっこいい」脚光を浴びる仕事ですが，実際に担当してみると大変に厳しい仕事です．既存製品のように前例が無いので全てが手探りで進まなければなりません．「闇夜に山の中に自ら道を作りながら進む」ことも覚悟しなければなりません．このためにスライド 6 − 1 にあるように，「他人の芝は青い」からの理論はあてはまりません．まず，自分の会社組織を見て，体質，技術，販売の 3 点が十分に整っていることを調査して，全員で納得してから目標を決めることが必要です．

まず，歩き出してから技術，設備，販売を考えることは大変危険です．

## スライド６－２　開発の方向性（方針）

**商品開発の方向性**

```
            新商品
    ┌─────────┼─────────┐
  創造型      競争型      追従型
  ┌─┴─┐     ┌─┴─┐     ┌─┴─┐
問題  理想  変化  差別  目先  単純
解決  追求  対応  化型  変更  模倣
型    型    型          型    型
```

　つぎに，新製品開発の方向性（方針）を決めましょう．

　新製品とは ① 世の中に全く無いもの，② 自社には無いが他社では実施しているもの，③ 他社でやっているが自社でならもっとこの上をいけるものの３方向に分類できます．（スライド６－２）

　設定した目標がこのいずれに当てはまるかを論議すれば「闇夜に山の中に自ら道を作りながら進む」の新製品開発も，自ずから「月の光」で道が見えてくることが多いものです．

　組織内でこの方向性の論議をする場合，実例をあげて論議することをお勧めいたします．

　創造型 ⇒ 世界中に愛用されている日本初の新製品といわれているグルタミン酸ナトリウム，インスタントラーメン

　競争型 ⇒ 米国で生まれ日本中を低価格の戦争に巻き込んでいるハンバーガー

　追従型 ⇒ 長い間日本の食生活に馴染んできたがここに来て一躍脚光をあびて檜舞台に躍り出てきたラーメン，どんぶり物，そして「おにぎり」

　まだまだたくさんあるはずです．ここにあげた商品はここまでくるにはそれぞれたくさんの難関と苦労があったことです．この苦労を調べ共有化して「果たして私だったらできただろうか？」と自問することが必要です．

　新製品はなにも全く新規に創造するものだけとはかぎりません．スライド６－３に示した前項であげた「おにぎり」や「さぬきうどん」，「おでん」を考えてください．今脚光を浴びて，コンビニエンスストア（略称，コンビニ）の中心的存在ですが，製造を自

スライド6-3　既存商品の活性化

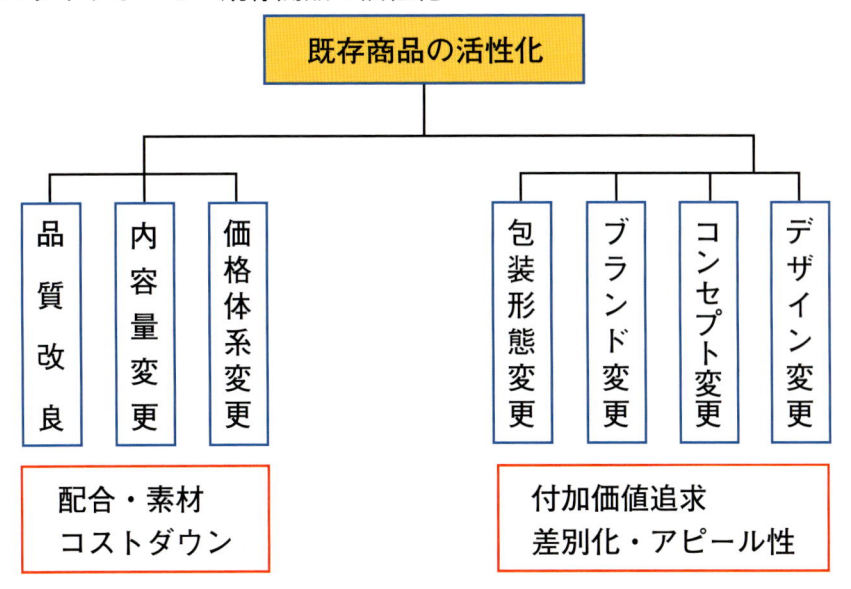

```
              既存商品の活性化
    ┌────┬────┬────┬────┬────┬────┬────┐
  品質改良 内容量変更 価格体系変更   包装形態変更 ブランド変更 コンセプト変更 デザイン変更

  配合・素材              付加価値追求
  コストダウン            差別化・アピール性
```

動化する技術的検討と包装，ブランド，コンセプト，デザインを変更して，長い間日本人の食生活では「残りご飯，釜のおこげ」のおにぎりが「あたらしい栄養ある簡易の昼食」として復活しました．

また最近では価格の高い高級ブランドのおにぎりも好調のようです．

スライド6-4　新製品開発の業務ステージ

**新製品開発の業務ステージ**

① 事業戦略の作成
② 製品領域の設定
③ 製品コンセプト設計
④ 具体的試作
⑤ マーケティング
⑥ 発売・ライフサイクルマネージメント
　（発売したら終わりでない・むしろ始め）

新製品開発は方針と方向性が正確なデータで裏付けられていればステージごとの進捗を決めることができます．この業務ステージ設定を行うことは，むしろ開発のスピードをアップできるばかりか集中的な人材や資力の投入が可能となります．

新製品開発にはスライド6-4に示したように ① 戦略, ② 領域, ③ コンセプト設

定，④ 試作，⑤ マーケティングのサイクル（循環）が必要ですが，これで終わりではありません．製品は社内での繰り返しの評価でも製品として売りだされると多くの評価や意見が出てきます．この評価や意見を聞きながら商品を改良することです．また，この循環の連続が商品を確たるものに仕上げていきます．新製品は「発売したら終わりではなく，むしろ始まり」と思ってよいと思います．

最初は全く売れなかったが，ある時間がたってから爆発的に売れだした…「インスタントラーメン」，「風味調味料」など現在では確固たる地盤を築いた大型商品にはよくあることです．

また，逆に最初は爆発的に売れて各社が一斉に増産体制を作ったら途端に売れなくなった「テラミス」，「ナタデココ」などはこの例です．

スライド 6 − 5　事業戦略の策定

**事業戦略の策定**

この製品の①魅力度，②優位性，③市場性を全体的に見渡す資料
★ポートフォリオ解析

★シェア
shear
市場占拠率

|  | 高 相対シェア 低 |  |
|---|---|---|
| 市場成長性　高 | 花　形 ★ | 問題児 ? |
| 市場成長性　低 | 金のなる木 ¥ | 負け犬 × |

これまでのスライドと説明をもっとわかりやすくまとめる方法があります．

これは「ポートフォリオ」という表現の方法です．スライド 6 − 5 に示しましたが四角の紙を 4 つに分け，縦軸と横軸に討論主題を記入します．ここにできた 4 つの領域にそれぞれの討議結果を記入します．ここでのポイントは縦軸と横軸の交点です．この交点の位置（数値）は会社や組織で変ってきます．この交点の数値次第で「花形」も「問題児」になる可能性があります．ポートフォリオは ① 多くのデータを一枚の平面に書くことができること．② 数値を言葉で表現できること．③ 交点を動かすことで目標が移動できる．とくに，論議に加わった人には再確認，論議に加わらなかった人にも一目

で説明ができることです．

このポートフォリオ解析でスライド6－6に示したように，① 技術競争力，② 品質

スライド6－6　商品競争力のポートフォリオ解析

**商品競争力のポートフォリオ解析**

1. 技術競争力
   ・原料・素材の加工選別技術
   ・製造・加工技術
   ・充填・包装技術
   ・分析・品質保証技術
2. 品質競争力
   ・原料品質
   ・製造・配合品質
   ・デザイン品質
3. 価格競争力
   ・購入・配合価格競争力
   ・製造経費競争力
4. 情報・環境対応力
   ・情報収集力　・環境対応力

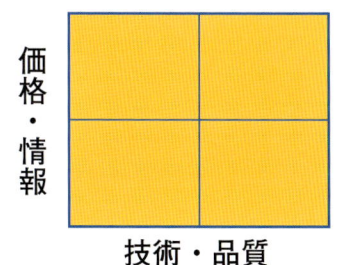

価格・情報 / 技術・品質

スライド6－7　市場動向分析

**市場動向分析**

情報の収集での過去の傾向を調査して未来を予測する

情報（総務庁）
●世帯構成……消費量，内容量
●所帯主年齢……消費嗜好，消費量
●消費支出……販売金額，消費量
●家計調査
　食料費内訳
　調理食品
　主力調味料

→ 誰でも入手可能　読み方の差

企業独自の調査
POS情報等

→ 企業独自の情報

競争力，③ 価格競争力，④ 情報・環境対応力を作成してみましょう．この場合，数値で表されないものは一人一人の評点の平均値などでプロット（点付け）してもよいと思います．

現在は情報の時代です．スライド6-7に市場動向の分析を示しましたが正確な情報をいかに取得し，解析するかが最大の課題です．とくに食品の場合は購買する人々の消費動向についての資料が必要です．

現在はインターネットで多くの情報を得ることができます．総務庁のホームページにはスライド6-9のようなデータが満載されています．このデータと共に企業独自で集めるデータがあります．現在ではほとんどの食品企業でこれらのデータをもっていると思われますがこれは最大の秘密で，社員でも特定の権限をもった人しか見ることができないこともあります．

POS（Point Of Sales）は別名「虎のマーク」といわれていますが，この情報はスーパーやコンビニでは瞬時に本部に集められ，いつ，なにが，どこで，いくらで，誰に（男女，年齢別）売られたかが把握できるようになっています．

スライド6-8　製品コンセプト作成

**製品コンセプト作成**

**主要製品属性**

| | |
|---|---|
| ブランド（Brand） | 商標をどのようにするか |
| 基本製品コンセプト（Concept） | 概念（主原料，製法，容器など） |
| ターゲット（Target） | 標的（想定顧客，性別，年齢） |
| 容器・包装（Package） | 個装，内装 |

**付帯製品属性**

| | |
|---|---|
| バラエティー（Variety） | 種類 |
| 用途・使用法 | 調理，喫食法 |
| 容量，数量 | 中身，数量，使用回数など |
| 中身形状 | 粉末，顆粒，液体など |

**法的属性**

| | |
|---|---|
| 品名 | 法的分類 |
| 原材料表示 | 配合，原材料表示 |
| 賞味期間 | |
| 想定価格 | 価格ゾーン |

★横文字名称の意味を理解してください

スライド6-8に商品コンセプト作成を示しましたが，商品の開発を行う場合，製品コンセプト（Concept）（概念）の作成は重要です．

製品属性として主要製品，付帯製品，法的の3属性に分けて論議設定することが必要です．

【参考資料】

食品は「人」が食べるものです．私はよく商品開発は「人口」が最大のポイントであると説明しております．ここで「人口」とは統計上の「人の数」と「人の口の大きさ」の2つの意味があります．日本ではこれから少子高齢化の時代に突入しますが，これは「人の数が減る」ことと「口の大きさ」が減少することを意味しています．

高齢者は若者より食べる量が少ないことです．ですから「少子高齢化」は「食の量」に関してはダブルで減少することになります．

これらの国勢に関する統計資料はインターネットで見ることができます．

総務省統計局のホームページについての目次を載せました．

このデータは誰でも見ることができますが，このデータをどのように読み，どのように商品開発に利用するかが商品の開発から販売戦略にも大きな影響を与えます．

スライド6-9

| 食関連統計・情報のヒント（リンク） | | |
|---|---|---|
| 統計データ | | |
| 人口・労働力 | 国勢調査 | （総務省統計局） |
| | 労働力調査 | （総務省統計局） |
| | 日本人の将来推計人口 | （国立社会保障・人口問題研究所） |
| | 人口動態統計 | （厚生労働省） |
| | 簡易生命表「日本人の平均寿命」 | （厚生労働省） |
| 農水産物 | 国内農業生産・水産物統計・畜産物統計 | （農林水産省統計情報部） |
| | 米 | （全国米穀協会） |
| | 畜産物 | （農畜産業振興事業団） |
| | 野菜 | （野菜供給安定基金） |
| | 青果ネットワークカタログ | （食品流通構造改善促進機構） |
| | 果物 | （中央果実生産出荷安定基金） |
| | 水産物 | （大日本水産会） |
| | 食品の表示 | （農林水産省「JAS法に基づく食品の表示」） |
| | 食品産業統計 | （食品産業センター） |

|  |  |  |
|---|---|---|
|  | 農水産物の輸入 | (農林水産省「農水産物の貿易レポート」) |
| 流通製造外食 | 事業所統計 | (総務省統計局) |
|  | 工業統計 | (経済産業省) |
|  | 商業統計 | (経済産業省) |
|  | 飲食店の利用状況 | (外食産業総合調査研究センター) |
|  | 中食産業需要動向調査・外食消費動機・動向調査 | (外食産業総合調査研究センター) |
| 家計消費 | 家計調査 | (総務省統計局) |
|  | 全国消費実態調査 | (総務省統計局) |
| 食品(栄養)摂取量・食品成分など | 国民栄養調査 | (厚生労働省) |
|  | 食品成分表 | (文部科学省) |
|  | 食品廃棄調査 | (農林水産省「食品ロス統計調査」) |
| 食生活指針など | 食生活指針 | (農林水産省) |
|  | 健康日本21 | (厚生労働省・健康・体力づくり事業財団) |
|  | 児童生徒の食生活調査 | (日本体育・学校健康センター) |
| 健康・生活 | 死因別死亡割合 | (厚生労働省「人口動態統計」) |
|  | 患者調査 | (厚生労働省) |
|  | 栄養調査 | (国立健康・栄養研究所) |
|  | 学校保健統計調査 | (文部科学省) |
|  | 体力・運動能力調査 | (文部科学省) |
|  | 国民生活基礎調査 | (厚生労働省) |
|  | 国民生活モニター調査 | (内閣府国民生活局) |
| 消費者意識調査 | 食料品消費モニター調査 | (農林水産省) |
| 生活時間 | 社会生活基本調査 | (総務省統計局) |
|  | NHK生活時間調査 | (NHK放送文化研究所) |
| 世論調査 | 世論調査 | (内閣府大臣官房政府広報室) |
|  | 国政モニター調査 | (内閣府大臣官房政府広報室) |
| 国民経済など | 国民経済計算 | (内閣府経済社会総合研究所) |
|  | 産業連関表 | (総務省統計局) |
|  | 消費者物価 | (総務省統計局) |

# 第 7 章　食品開発論の実証

## 「中国内モンゴル自治区での醸造発酵事業」

> ★本章から学ぶこと
> 　第 1 章から第 6 章までに商品開発のシステムについて，とくに「食品開発」を中心に実例を入れて概要を述べてきました．著者はこのシステムを「食品開発論」と名づけて理論化いたしました．巻頭にも書きましたが理論とは過去の事実や結果を総合してシステム化したものと考えております．しかしこの理論が事実であることは実証することが必要です．
> 　この実証として著者が体験した「中国内モンゴル自治区・烏蘭活特市」での醤油事業を中心とした醸造発酵事業の展開と進捗(しんちょく)について概要を述べることとして，この「食品開発論」の実証を行いました．

　世界地図を見て下さい．モンゴルは内モンゴルと外モンゴルに分かれています．内モンゴルは中国領で中国内の 7 つの自治区（経済活動などの実際は中心構成民族にまかされている）の一つです．外モンゴルは独立国です．内モンゴルは面積が日本の約 3 倍，人口は約 2,000 万人です．首都はフホートです．（外モンゴルは日本の 3 倍の面積で，人口は約 400 万人で首都はウランバートルです）．内モンゴルは中国の一番外側に帯のように広がり，最も西はゴビ砂漠になります．その面積の三分の一は農地，三分の一は大草原，三分の一はゴビ（ゴビとはモンゴル語で砂荒地，砂漠のこと）です．

　内モンゴルの東側は中国の吉林省から続く大穀倉地帯で，広大なトウモロコシ畑，米の水田，大豆と緑豆が延々と連なります．山はありませんので淡々とした畑の中に水平線まで真っ直ぐの舗装道路と鉄道が走っております．

　このスライド 7 − 1 に概要を示しましたが，この烏蘭活特市（ウランホト・モンゴル語で「赤い都」で中国共産党の蜂起場所といわれております）ですが興安盟の首都です．
　10 年前にここに味噌の工場を作りましたが，ここを選んだ理由は米を始め大豆，小麦などの生産地で味噌原料が容易に入手可能なことと，隣接する吉林省，黒龍江省はかつて日本人が入植，開拓した場所で地名も日本的地名が各所に見られるほどで，モンゴル族同士の心のふれあいも重要なことと思います．

スライド7-1　中国内モンゴル自治区の醤油事業の立地と背景

食品開発論の実証

**中国内モンゴル自治区での日本式醤油の製造**

場所　中国内モンゴル自治区・烏蘭浩特市（ウランホト）
　　　「内蒙古万佳食品有限公司」
　　　（wanjia）
背景　10年前から味噌を製造して日本に輸出していたが，蓄積した醸造技術を使用して，美味しい日本式醸造醤油を現地の人々に供給したい
立地　興安盟の首都　人口約30万人
　　　交通　北京から直行便（週2便），長春より500 km
　　　　　　鉄道（北京より24時間）　集中暖房
　　　気候　夏季30℃，冬季零下40℃
　　　産業　鉄工生産と農業（米・大豆・玉蜀黍・緑豆）

1999年の1月に醤油製造の趣旨と設計を依頼され，3月に設計図を渡しましたが，5月に中国側での認可と資本の手当てがつき，現地での調査に入りました．「食品開発論」のシステムに沿って，現地の調査を開始しました．

スライド7-2　現状マーケティング調査

**現状マーケティング調査**

市販醤油の収集と解析（ポートフォリオ解析）
烏蘭浩特市の朝市，公設市場，スーパーで購入

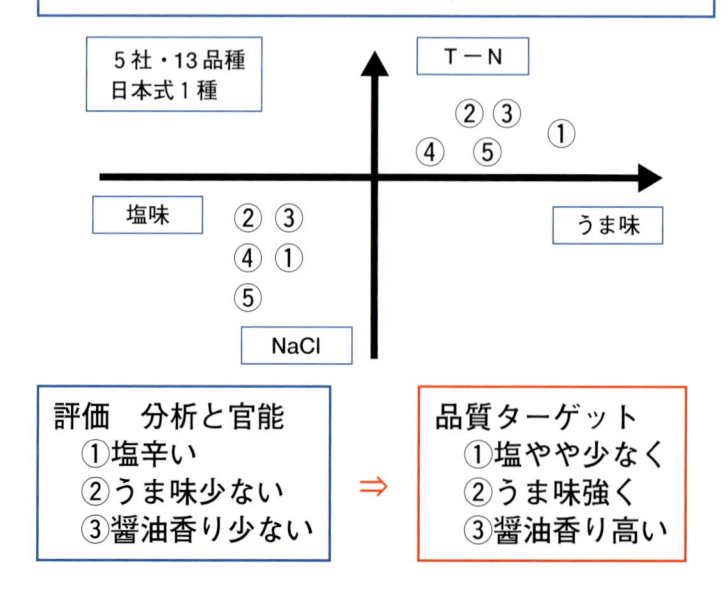

5社・13品種
日本式1種

T－N

②③
④⑤　①

塩味　②③
　　　④①
　　　⑤

NaCl

うま味

評価　分析と官能
①塩辛い
②うま味少ない
③醤油香り少ない

⇒

品質ターゲット
①塩やや少なく
②うま味強く
③醤油香り高い

● Photo-3

# マーケティング（市場調査）

市場調査・商品購入

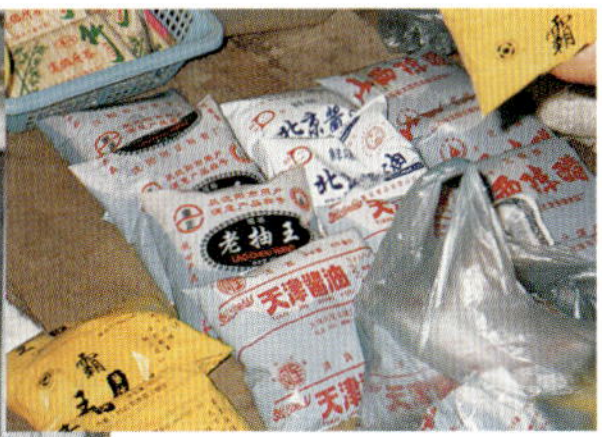

購入醤油（袋詰め醤油）

購入醤油の分類

調理評価

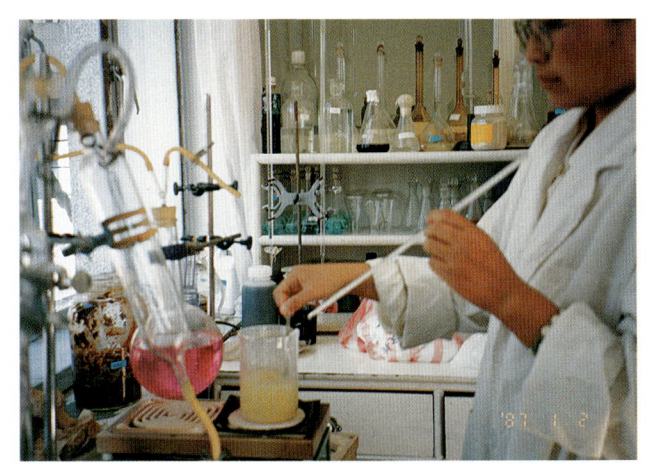

購入醤油の分析

まず，定説に従い現地での醤油調査にかかりました．中国でも醤油はよく使います．前章でも述べましたが，日本での醤油生産量は年間約 120 万 kL，人口 1 億 2 千万人ですから，一人当たり年間消費量は 10 リッターです．中国でははっきりした数値は見つけられなかったのですが，年間約 450 万〜約 600 万 kL のデータがありました．中国の人口は約 12 億人ですから一人年間 4〜5 リッターで日本の半分です．しかしモンゴルで見る限りもっと使われているようです．

中国での醤油の使い方は，煮物や焼き飯が主で日本のような汁物や掛け醤油の習慣はないようでした．

烏蘭活特市および周辺都市で購入した醤油は 16 本でした．しかし中国では溜まり醤油に近いもの，香辛料入りなど多くの品種があり，今回私たちの目標となるものは 5 銘柄，13 品種（容器が異なるなど）でした．現地のスタッフと共に分析と官能評価を行い，スライド 7−2 のようなポートフォリオ解析ができました．

全体に（日本に比較して）窒素濃度が低く食塩濃度が高い傾向でした．うま味は窒素濃度のわりに強く感じられ，たぶんグルタミン酸ナトリウムが加えられていると思いました．香りは日本ほど強烈ではありませんでした．

この結果から私たちのターゲット（目標）は食味をやや少なめにして，うま味を強く

スライド 7−3　中国式醤油の製造方法概要

**製造方法に関する調査**

中国醤油

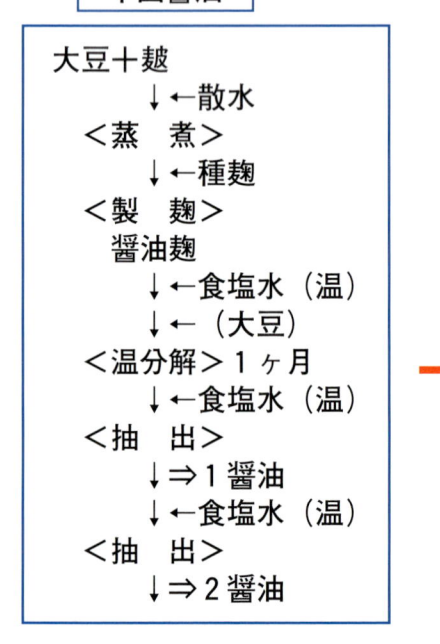

```
大豆＋麹
　　↓←散水
 ＜蒸　煮＞
　　↓←種麹
 ＜製　麹＞
　　醤油麹
　　↓←食塩水（温）
　　↓←（大豆）
 ＜温分解＞1ヶ月
　　↓←食塩水（温）
 ＜抽　出＞
　　↓⇒1 醤油
　　↓←食塩水（温）
 ＜抽　出＞
　　↓⇒2 醤油
```

→

①麹の酵素活性低い
　⇒アミノ態 N 低い
②短期分解
③温分解・抽出
　⇒色濃い・香り少ない
④麦使わない
　⇒糖少ない・発酵しない
⑤温分解
　⇒乳酸菌・酵母生育難
　⇒醤油香り無い

し醤油の香りをつけることにしました．

中国の醤油の基本は「うま味，甘味，塩味が調合され色の濃い，醤油香りがあまり目だたない」ことでした．

スライド7－3の製造方法ですが，中国では昔から中国式の醸造方法があります．この方法はマレーシアを始め東南アジアでも広く伝わっております．日本式（スライド7－7に概要を記載しました）と比較して原料として小麦でなく麬（ふすま）を使用し，高温気味での製麴と発酵を行います．製麴時の空調，圧搾の不要（上澄みを取る方法），期間が短いなどで変動費，投資的にも安価ですが，低窒素，高食塩，低香味がつきまといます．私たちの製品目標を達成するには，製法は日本式とすることが必要です．

スライド7－4　現状調査のまとめ

**現状調査**

①現状調査（新しい食品を受入れる素地と技術が整っているか）
　　　⇒マーケティングの鉄則
嗜好　現在国営醤油工場の中国式醤油を購入しているが味に不満をもっている（旧満州では美味しい「日本式醤油」が食べられた）
醤油　煮物や揚げ物に醤油を多く使う　餃子につけて食べる
販売　朝市と公設市場での販売可能・スーパーマーケットも出現
価格　多少高くても「美味しい醤油」を食べたい
技術　10年前から日本の指導で味噌を製造し日本に輸出してきた
生産　現在の味噌工場の空き建屋がある
競争　歴史ある国営市醤油があるが，経営が悪く設備も老朽化
☆新規食品受入れの素地があるか？
　　　⇒日本と同じモンゴル族で「嗜好」と「心」が通じる

その他の調査項目についてそれぞれ独立評価方式を使ってスライド7－4のようにまとめを行いました．

技術，製造，品質面では当地での新方式での醤油生産はかなり可能性が見えてきました．

最大の懸案事項は販売です．ここには設立以来50年以上の老舗の国営醤油工場「市醤油」があり，人口30万人と周辺都市に強固な地盤をつくり根を下ろしております．

どんなに良い醤油を作っても売れなくては事業となりません．しかもこちらは設立1年の醤油会社で，もっとも根強いといわれた調味料の嗜好を変えてでも高い醤油を購入してもらうことが必要です．

98　第7章　食品開発論の実証

　ここで販売についての解析を行いました．中国の醤油規格は日本のような全窒素（T－N）ではなく，アミノ態窒素（アミノN）で規定されています．（最も呈味の基本であるアミノ酸の量で規制し，日本より理論にあった方法と思います）

スライド7－5　販売単価と種々の要因との相関

**販売に関する調査**

| | |
|---|---|
| 販売容器 | 容器買い<br>330mL アルミパック・500mL ペットボトル・500mL ガラス瓶 |
| 販売場所 | 朝市・小売店・スーパー・公設市場・工場直接 |

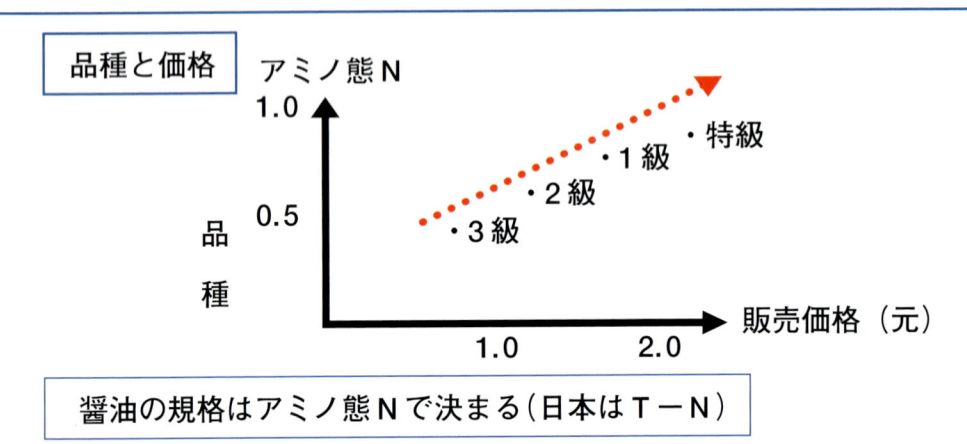

品種と価格

アミノ態N
1.0 ・特級
・1級
0.5 ・2級
・3級

品種 ／ 販売価格（元）　1.0　2.0

醤油の規格はアミノ態Nで決まる（日本はT－N）

　スライド7－5のように販売価格とアミノ態Nとは相関関係があることがわかりました．そして，購入は日本のように瓶やボトル単位は主流ではなく，330 mLの袋詰めと意外にも小型のポリ容器を持参しての「計売り」であることがわかりました．戦後の私たちも経験しましたがモンゴルでこれを見ていると今先進国で騒がれている「容器回収」のゴミ問題は発生しない合理性を感じました．

　市場調査の結果はスライド7－6にまとめました．

　技術と製造に関してはこれまでの味噌製造技術の基盤がありましたが，最大のポイントは「高品質の製品は高い価格でも購入する」，つまり食品では「美味しいものは高く売れるの実証」でした．この最大の課題を迎えての事業化が決定いたしました．（当地での醤油の販売については日本のように醤油が超低価格で納入され，目玉商品的に販売されることはありません．したがって醤油販売による販売店の利益はあまり多くありません．これは後発メーカーにとって値段攻勢が掛け難く，強引なシェア獲得が大変難しいことを意味しています）

　醤油事業の決定が下されました．品質を支える技術は「日本式醤油」の製法確立です．

スライド7-6　販売に関する調査結果

**調査結果**

| | | |
|---|---|---|
| 品質特性 | ⇒ | 日本式醤油は「うま味」「香り」で良好 |
| 　うま味 | | （麹菌酵素力と良質麹の製造） |
| 　醤油香 | | （小麦使用と6ヶ月発酵） |
| 市場性 | ⇒ | 日本の醤油は戦前より美味しいと定評 |
| 　新規性 | | （中国式醤油より新規性と高品質） |
| 　競争力 | | （品質は競争力あるが価格を高く設定したい） |
| 　利益 | | （美味しいものは高く売れるの実証） |
| 技術 | ⇒ | 味噌製造で発酵技術内在 |
| 　技術力 | | （現地指導とマニュアル化） |
| 　生産力 | | （市内販売量は確保可能） |
| 投資 | ⇒ | 土地，設備も日本より安価 |
| 　新規投資 | | （味噌工場併設でエネルギー，要員共用） |
| 　採算性 | | （極小投資と高価格販売がポイント） |
| 総合評価 | | ★美味しいものはユーザーに受入れられ高価格販売可能の実証をする⇒事業化開始 |

　スライド7-7に日本式醤油製造フローの概要を記しました．モンゴルでは大豆，麦は自営の1000ヘクタールの広大な農場で「正真正銘の有機無農薬」として入手でき，塩も「湖塩」とよばれる苦味の少ない，カルシウムの多い「甘い塩」が使用できます．日本では処理に大金を掛けている「醤油粕」の処理も人口より圧倒的に多い羊をはじめとした家畜の飼料に高価で販売することができました．

　最大課題の販売ですが，予想したとおりに苦戦の連続でした．試供品の品質の評価は抜群でしたが販売には結びつきませんでした．

　スライド7-8のように工場の建設が開始されました．設計から建設開始まで6ヶ月です．初めて7月に烏蘭活特市の地を訪れました．建設の監督と同時に商品の試作とプロトタイプの試作，デザインの設定も行いました．戦争のような時期でしたがスタッフと経営陣に支えられました．ここでとった販売戦略はスライド7-9に示しました．

　現在，この方法は日本ではとくに画期的なものではありません．しかし，管理職が順番で朝6時から8時まで朝市で声をからしての販売は冬季の零下の状態では苦しいものでした．商標は「富士桜印」（p.107 Photo-5の中段）は日本のものは最も美味しいとのモンゴル独特の嗜好で決められました．三陽商事㈱の井上社長が日本のネットから桜と富士山を組合せてデザインし，上海の印刷所で印刷しました．

スライド7－7　建設実行計画

**建設計画実行**

日本式醤油フロー概要（バッチ当たり）

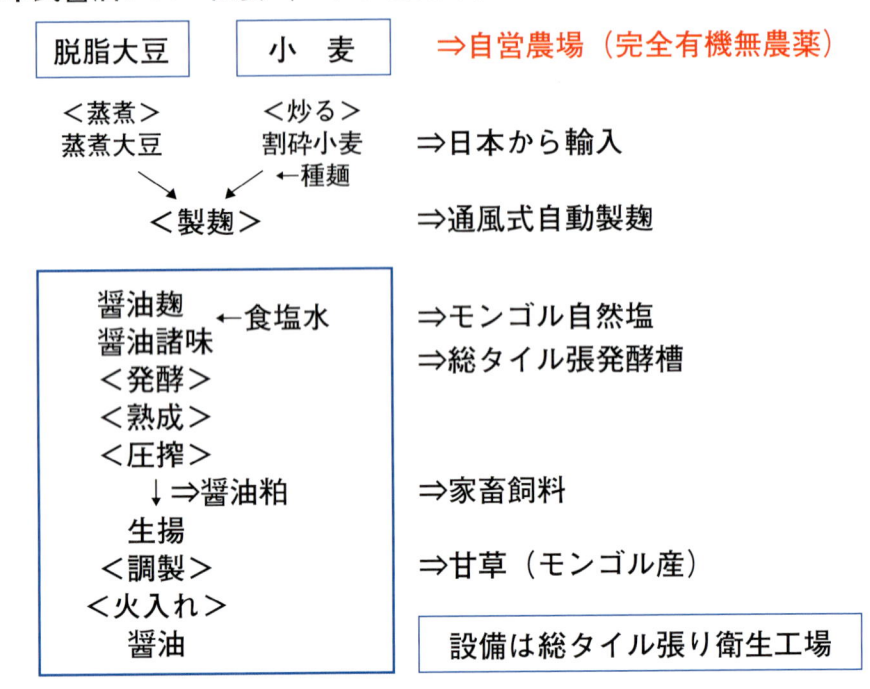

| 脱脂大豆 | 小　麦 | ⇒自営農場（完全有機無農薬）|

　＜蒸煮＞　　＜炒る＞
　蒸煮大豆　　割砕小麦　　⇒日本から輸入
　　　↘　　↙←種麹
　　　＜製麹＞　　　⇒通風式自動製麹

　醤油麹　←食塩水　　⇒モンゴル自然塩
　醤油諸味　　　　　　⇒総タイル張発酵槽
　＜発酵＞
　＜熟成＞
　＜圧搾＞
　　↓⇒醤油粕　　⇒家畜飼料
　　生揚
　＜調製＞　　　　　⇒甘草（モンゴル産）
　＜火入れ＞
　　醤油　　　　　　設備は総タイル張り衛生工場

スライド7－8　工場建設と技術指導

**工場建設と技術指導**

```
1999・01　（日本）設計依頼
　　　03　（日本）設計完了
　　　05　（中国）生産認可
　　　06　（中国）建設開始
　　　07, 09, 12　3回現地渡航
　　　・市場調査・要員教育
　　　・設備点検・デザイン設定
2000・01　（中国）工場完成
　　　　　製品出荷（春節向け）
2002　設計生産量達成
2003　市醤油（国営）買収（新規生産工場）
```

スライド7-9　販売戦略

### 販売戦略

発売して1年殆ど売れず⇒これまでの中国醤油の味に慣れる
「万佳」醤油を知って欲しい

販売対策
① 工場を公開（当時中国ではまず行われない）
② 老人・婦人会の招待
③ 管理職での朝市販売
④ 工場売店販売
⑤ TVコマーシャル
⑥ 販売の出来高制
⑦ 育英基金の設置
⑧ 料理講習

→ 販売量段階的増加

富士桜印
日本のものは一番良い

　また柴田社長の発案での日本人が資金を出しての「育英基金」は現在でも毎年約8～10名の小学生がこの資金で学んでおります．

　販売の苦難が1年間続きましたが，スライド7-10のように，突然に醤油が動きはじめ，ようやく活気が出てまいりました．満杯であったもろ味が少しづつ，しかし確実に減少しはじめました．仕込が再開されました．そしてついに，老舗の国営工場が破綻してしまいました．破綻後に家庭に貯蔵されていた「国営工場産の在庫」が無くなると一気に販売量が増加しました．

　設計生産量はすでに超過し，消費に対応するために土日出勤と調整，包装部門は午前2時までの連日の残業となりました．スライド7-11にこれからの展開を示しました．

　「老舗国営工場」の破綻はここに書いた多くの要因があると思います．この工場は政府（烏蘭活特市）の仲介で購入しました．「万佳」が設計基準を超えるほどの生産超過に対応しているときであり，この買収は「万佳」の発展にとって朗報でした．現在はここに『中日合弁の「万源」』が設立されました．この資金で工場の建屋と設備の新設，更新を行いました．今は見違えるほど綺麗な工場となりました．この工場の運営にはかっての「老舗国営工場」のてつを踏まないために将来をとり入れた経営方針としました．

スライド7−10　現状と将来

## 現状と将来

「内蒙古万佳食品有限公司
　○烏蘭活特市市内で行列のできる店
　○設計生産能力超過……土日操業，包装午前2時まで
　○周辺都市への販売

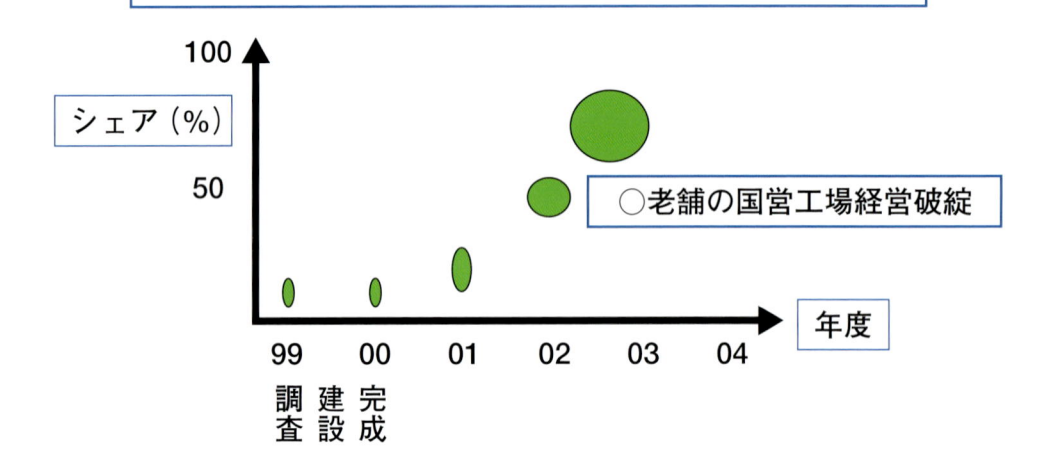

○老舗の国営工場経営破綻

（グラフ：縦軸 シェア（％）0〜100，横軸 年度 99〜04，99調査，00建設，01完成）

　現在人件費は安いがこれからは高騰する．そのために今から自動化，省人化をできるかぎりとり入れることでした．また多角化についてもかっての国営工場の生産品目である「黒酢」，「腐乳」は技術者を再雇用して更新再開し，「ブブカ漬物」（ブブカはロシア大根で日本には無い）は「万佳（まんじゃ）」の漬物部門を移転して拡大生産としました．
　また，腐乳の製造部門で余力がある分は新鮮豆腐として「烏蘭活特市」での販売も開始しました．
　醤油部門は中国式の設備を改造し，日本式醤油に改造して新しい醤油を生産いたします．この工場はやがて「総合加工食品工場」へと展開の夢を全員で抱いております．
　「万佳」公司での日本式醤油技術の技術指導について105ページの解説をします．
　この工場では10年前から日本人技術者の指導で日本式味噌の製造を行っており，そのほとんどを日本に輸出しておりましたので醸造に関する基礎知識は定着しておりました．
　しかし，中国ではスライド7−3に示した中国醤油が主流で日本式醤油の製造方法とはかなり異なります．日本式醤油の製造方法の技術指導は現在味噌を製造している工場の管理職を中心に実施いたしました．
　北京の大学で日本語を専攻した「トンさん」の名通訳で技術教育を行いました．
　内モンゴルではモンゴル語も話しますが，中国語（北京語）が公用語ですので日本の

スライド7－11　これからの展開

### これからの展開

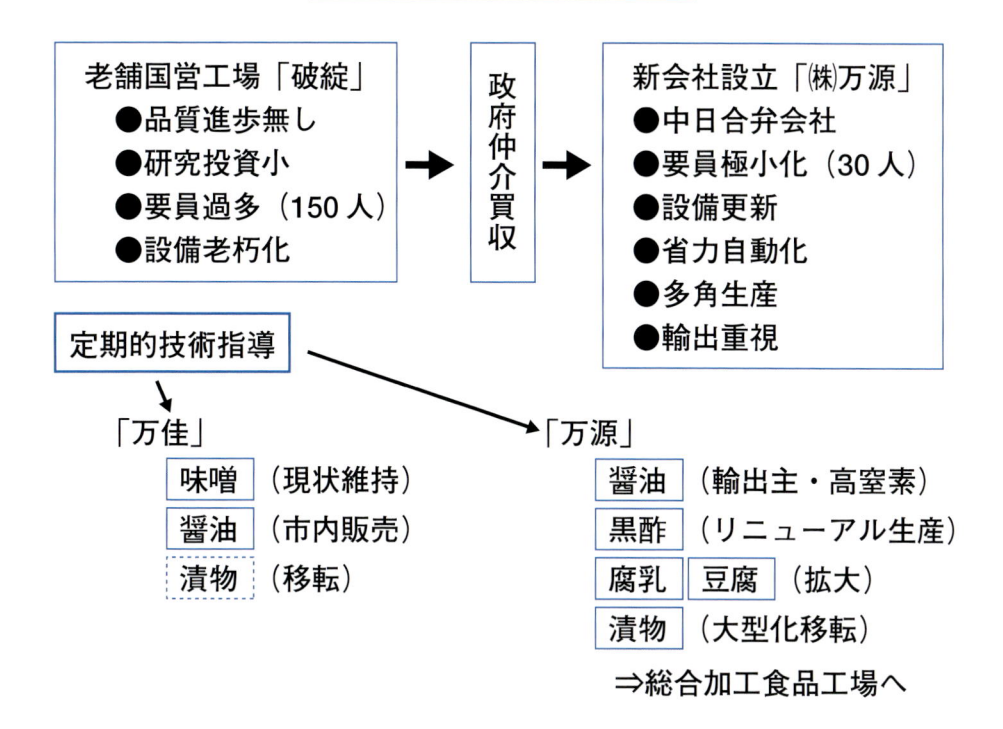

```
老舗国営工場「破綻」              新会社設立「㈱万源」
●品質進歩無し                   ●中日合弁会社
●研究投資小     →政府仲介買収→  ●要員極小化（30人）
●要員過多（150人）               ●設備更新
●設備老朽化                     ●省力自動化
                              ●多角生産
                              ●輸出重視

定期的技術指導
   ↓                 ↘
「万佳」              「万源」
 味噌（現状維持）       醬油（輸出主・高窒素）
 醬油（市内販売）       黒酢（リニューアル生産）
 漬物（移転）          腐乳　豆腐（拡大）
                    漬物（大型化移転）
                    ⇒総合加工食品工場へ
```

漢字を書くことで意味がかなり通じることも幸いしました．（Photo‑4の技術指導・教育〈管理職〉）

　新しい工場「「万源」について写真を紹介いたします．（p.108 Photo‑6）

● 　新工場は「国営工場」（市醬油）の全敷地と全設備を購入しました．この敷地購入後に烏蘭浩特市の市庁舎が移設されこの工場前に完成しました．緑の芝生の向こうの丸い屋根が新市庁舎です．

● 　ここではスライド7－11に示した「醬油」，「黒酢」，「腐乳」，「漬物」の生産を行っております．

● 　「醬油」は輸出専門となります．輸出とは日本のように全て国外への販売ではなく，烏蘭浩特市外，広くは内モンゴル自治区以外への販売も含んでおります．

これまではマーケティングの話が中心でしたので，ここではこの醤油工場の技術指導と販売活動について次ページの写真で説明いたします．

技術指導・教育について（p.105 Photo-4）

中国の管理職の募集方法は日本と少し異なっております．日本の管理職は通常は社内で長く勤めて経験と実績のある人が昇格しますが，中国では部長，課長などの管理職は必要な技術と経験をもった人を公募します．企業が管理職を募集すると他の企業で管理職をしている人がたくさん応募します．ですから日本のように長く勤めた人が管理職になる，いわゆる年功序列制はほとんどありません．

製造工程の概要

スライド7-7に示した詳細を写真（p.105 Photo-4, p.108 Photo-6）とともに述べます．

- 原料は大豆も小麦も全て自営の農場（1000ヘクタール）で収穫されたものを使用しております．写真のように，原料大豆は人力により手選別されます（とくに味噌用は厳格です）．この大豆を写真の「大豆蒸煮缶」で蒸し，炒った小麦と混合して種麹菌を植菌します．麹菌は日本の種麹菌を輸入して使用しております．

- 製麹は蒸煮大豆と割砕小麦を大型のタイル張りの平床製麹で行います．当地の気候は8月の短期間は30℃を越すことがありますが，冬季は逆に零下40℃にも達することがあります．大陸性気候で湿度が低く乾燥しやすいのでこのような平床式の製麹機でも良好な麹ができます．醤油製造の最大の管理点は麹の良否にかかっております．写真の「製麹指導」は麹の手入れを行っているところです．

- 発酵は醤油麹を食塩水と混合して写真のような「もろ味発酵タンク」で行います．もろ味発酵中の雑菌の混入を最小限にして清潔さを保つために，総タイル張りです．発酵，熟成は発酵状態を見ながら最低6ヶ月行われます．

以下写真はありませんが工程はつぎのようです．

- 発酵，熟成したもろ味はもろ味発酵室の隣室にある圧搾機で圧搾され，生揚をとります．

- 生揚は分析して調整され，品種別に火入れ（殺菌の意味）して包装され製品となります．製品は中国のどこでも一般用として330 mLのビニール袋入りが主流です．高級用としてペットボトル入りもありますがほとんどは贈答用です．その他108ページの左下のガラス瓶入りもあります．

● Photo-4　　　**技術指導・教育（管理職）**

製麹指導

醤油製造教育

大豆蒸煮

もろ味発酵タンク

製品の販売PR活動と工場完成（p.107 Photo-5）

スライド7－10のように発売初期はほとんど売れませんでしたので，積極的なPRと販売活動を展開しました．

● 朝市の販売活動

　　中国ではいわゆる「夫婦共稼ぎ」がほとんどです．当地では朝市が盛んで，ここで一日の食材を購入します．朝市は朝6時から8時まで決まった場所（道路）で行われます．

　　野菜，果物，肉，魚，穀物，香辛料とあらゆる食材と豆腐，饅頭，パンなどなんでもそろいます．ここでは人々の圧倒的な生活パワーにひたることができます．

　　「管理職による朝市販売」はこの朝市の一画で管理職が交代でPRと販売活動を行いました．日本人の技術者もここで販売活動に協力しました．

● 工場落成

　　8月に興安盟の書記長，盟長，烏蘭活特市市長などの参列をいただき，21発の号砲が鳴り響く中，盛大な落成式を行いました．

● その後の展開

　　2006年度の決算で黒字決算を達成し，長春での第二工場建設が決まりました．

● Photo-5　**製品の販売 PR 活動と工場完成**

醤油製品と関連商品

商標（富士桜印）

管理職による朝市販売

工場落成式

董事長・副董事長を囲んで

● Photo-6 **内蒙古万源食品有限公司**（醤油・味噌・腐乳・漬物・黒酢の生産）
〈中国内モンゴル自治区・烏蘭活特市〉

工場内部

味噌の製品群

原料大豆の選別

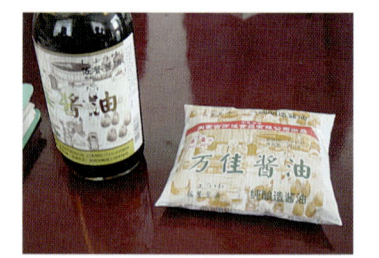

醤油製品

工場入口

有機無農薬大豆

技術指導

製品評価

# おわりに

　私たちのまわりにはたくさんの商品があふれています．

　とくに，コンピュータとこの関連技術の製品は「日進月歩」の言葉通りで，性能が向上した製品がつぎつぎと発売され，これとともに古い製品は淘汰されていきます．この例は携帯電話にとると実感をもって説明できます．

　昔（といってもほんの10年ほど前ですが）固定電話と公衆電話が主なころの携帯電話は電源部と主装置が入った小型のカバンを背負いました．しかし，現在ではポケットに入るほどの大きさです．しかし大きさと重さは少なくなると同時に，性能は飛躍的に向上していきます．現在では（平成16年1月段階）カメラ付き携帯電話が主流となり，昨年末にはデジタル化したテレビ受信可能機種も発売されました．これからは銀行の預金の管理と振込みも開始され，JRではスイカカードの代替機能もテスト中とのことです．

　将来は携帯電話でほとんどの仕事ができることになるでしょう．

　これに比較して食品業界はこれほどのスピードはありませんが，着実に時代と技術を反映した商品が開発されております．

　最近のヒット商品番付にもデジカメ，テレビ付き携帯に並んで「アミノ酸」が上げられておりました．飲料は，かつてはコーラ，コーヒーからジュースとなり，現在では「お茶」，「ミネラルウォーター」，「アミノ酸飲料」と軽くヘルシーなタイプとなりつつあります．「アミノ酸」も脂肪燃焼などの健康食品からジワジワと浸透し，飲料にまで進出してきました．

　この「アミノ酸」は，実はグルタミン酸ナトリウムと同じ部類ですので，酸分解から微生物を使った発酵法とその製法が変わっており，リジンやメチオニンなどのアミノ酸は家畜の飼料用に大量につくられております．

　「アミノ酸」が食品として注目されてきたのはこの技術背景があったからで，池田菊苗博士の発見したグルタミン酸ナトリウムと実は同じ歴史をもっているのです．

　前にも述べましたが日本が世界に誇る食品関係の発明として「グルタミン酸ナトリウム」と「インスタントラーメン」があげられております．この2つの大ヒット商品はいまでも世界レベルでは消費が伸びております．

　食品は毎日食べるもので「安全」，「美味しさ」，「安価」が開発の3大ポイントです．

　この本をお読みになってぜひ新しい商品の開発にチャレンジしてください．

# お　　礼

　この本を執筆するにあたって多くの方々にお世話になりました．この場所で感謝を申しあげます．

　私に講義の場を提供していただき，この本が出版できる機会を与えていただきました東京農業大学短期大学部栄養学科の安原　義教授，古庄　律助教授をはじめ短期大学部栄養学科の教職員の方々，㈲柴田春次商店，㈱「蒙元」の柴田義孝社長，㈱「万源」の千海竜社長，写真などのご提供を戴いた　㈱マルジョウの安藤大輔社長，藤安醸造㈱の藤安秀一社長，三陽商事㈱の井上英彦社長，「味液」およびアスパルテームなどのご助言をいただいた味の素㈱　石原祥久氏，渡辺裕見子氏ならびに出版に際してご尽力いただきました地人書館の上條　宰社長に深謝いたします．

　執筆で下記の著作，文章，文献を引用，参考にさせていただきました．

　味をたがやす（味の素 80 年史）味の素株式会，池田菊苗博士追憶集（池田菊苗博士追悼会），うま味の誕生（柳田友道）岩波書店，わが実証人生（大塚正士），食品製造における膜利用技術（食品産業膜利用技術研究会），特許庁特許出願ホームページ，総務省統計局ホームページ，アスパルテームパンフレット，芸術新潮（ポンペイ特集）

　なお，イラストはグラパックジャパン㈱のご好意で許可を受け「新鮮食材超ネタ 27」からの引用をさせていただきました．

著者紹介（主な略歴）

**片岡　榮子**（かたおか・えいこ）
1966年　東京農業大学農学部農学研究科農芸化学専攻（博士課程後期）修了
1966年　東京農業大学農学部農芸化学科助手
1969年　東京農業大学農学部栄養学科講師
1975年　東京農業大学農学部助教授
1989年　東京農業大学短期大学部教授
農学博士，管理栄養士
研究分野　食品加工学・未利用資源の有効活用
日本食品保蔵科学会理事
日本栄養・食糧学会評議員
日本栄養改善学会評議員

**片岡　二郎**（かたおか・じろう）
1964年　東京農業大学農学部農芸化学科卒業
1964年　味の素株式会社中央研究所
　　　　その後，食品研究所，川崎工場技術部，食品総合研究所等勤務
1995年　味の素㈱食品総合研究所醸造発酵研究室室長
2000年　片岡二郎・技術士事務所設立，同所長
専門分野　新製品開発，工場管理，醸造発酵
農学博士，技術士
現在　国内関係（醸造，発酵を中心とした技術コンサルタント）
　　　海外関係（中国内モンゴル自治区「万佳」公司高級顧問）
　　　東京農業大学講師（食品開発）

---

**食品開発ガイドブック**

2004 年 4 月 30 日　初版第 1 刷
2007 年 4 月 5 日　初版第 2 刷
2011 年 3 月 1 日　初版第 3 刷
2021 年 3 月 31 日　初版第 4 刷

著　者　　片岡榮子
　　　　　片岡二郎
発行者　　上條　宰
印刷 製本　モリモト印刷

発 行 所　株式会社　地人書館
〒162-0835　東京都新宿区中町 15 番地
電　話　03-3235-4422
Ｆ Ａ Ｘ　03-3235-8984
郵便振替　00160-6-1532
URL　http://www.chijinshokan.co.jp
e-mail　chijinshokan@nifty.com

---

Ⓒ E. KATAOKA & J. KATAOKA 2004.　Printed in Japan.
ISBN978-4-8052-0744-4 C3060

JCOPY〈出版者著作権管理機構 委託出版物〉
本書の無断複製は，著作権法上での例外を除き禁じられています。複製される場合は，そのつど事前に，出版者著作権管理機構（電話 03-5244-5088、FAX 03-5244-5089、e-mail: info@jcopy.or.jp）の許諾を得てください。